用生活常識
就能看懂
財務報表

兩岸企業指定度最高
的數字力講師

林明樟 （MJ老師）

著

只要懂得中翻中，
你就看得懂財報！

損益表、資產負債表、現金流量表、財務比率概念，

無痛一次搞懂！

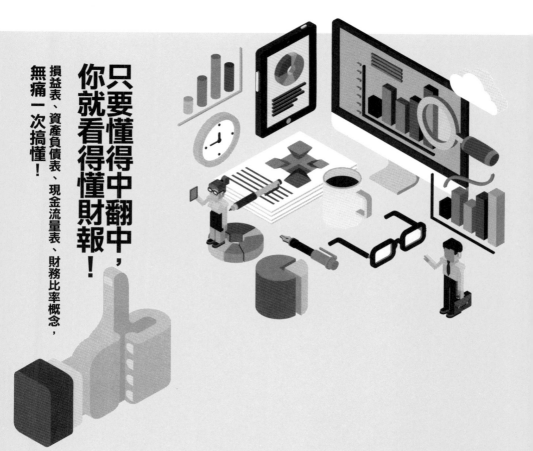

當年的我，身無分文，職業與創業生涯上上下下好幾回。
這本書獻給始終對我不離不棄的家人：
老婆欣穎與二個可愛的兒女Willie與Sonia。

獻給一路跟隨我多次創業的股東與工作夥伴們，不論我的夢
想能否成功，你們都默默的支持與鼓勵。

也送給拿起這本書的有緣人，
因為在書中，我將20多年研究財報的功力，
用最簡單的方式，一次傳授給您。

推薦序

哥教的不是數字，是積極正面的人生

謝文憲

　　認識明樟（MJ）是在盟亞的年終尾牙上，我們沒太多的互動，再次見面就在海角七號的墾丁夏都飯店。我這輩子就去過那麼一次，就剛好遇到他，而且是他們全家。他熱情地跟我打聲招呼，我們好似熟識許久。

　　這就是他，業務性格與特質遍佈全身上下，但大家千萬不要以為從事業務工作，又是教財務數字的他，一定是位銅臭味很重，很勢利的油條大哥。錯了，他是一位溫暖、有情有義、樂於助人、與人為善的哥字輩人物。

　　我們第一次深聊，是在我商旅旁的連鎖速食店。一大早的早餐聚會，他向我請教職業講師的know how。幾年的光景，他已是獨霸一方的數字力大神，教學活潑眾人皆知，但我想先談談他的創業歷程。

　　他在離開長期奮鬥的科技電子領域後，轉戰美妝產業，夠大的挑戰吧？前個創業機會AZ，雖然我對產業了解不多，但我知道他是全心投入的。我一直勸他：「職業講師比較適合你。」但他始終懷抱創業成功的大夢，投入的程度跟瘋子沒兩樣。這就是我看過大多創業成功的典型：過程遭遇阻礙，但他吸取的經驗，遠遠超過賠掉的錢。

　　當他再次回到講師領域，也是我看到的成功典型：將失敗經驗轉化成成功的養分。他過去的成功業務經驗，加上長期對財報與數字的了解（我稱之為天賦），配合他許多跌倒與挫折的失敗歷練，最後輔以他敏銳的觀察，與良善的心，天天磨練與持續精進。我也上過他的數字力品牌課程，說他是亞洲第一財報課程，一點也不為過。

　　回顧他在教學領域的成功，我分析幾點要素：

1. 持續鍛鍊身體，每日游泳是必備運動，不分春夏秋冬，1,500公尺起跳。海軍陸戰隊等級的訓練，退伍後才開始嶄新的人生。
2. 付出遠比回收多，他送的禮物、給的知識，遠比我們付的錢、請他吃的飯多上十倍。他不問回報，只問有沒有用。

3. 把複雜的數字與財報，用超級簡單的話語來講、來教，遠比我們想像難上千百倍。全台灣只有他做得到，口訣、教具樣樣俱全，輕鬆活潑、易學能用。

4. 對朋友以誠相待，真心誠意；待人處事的分寸拿捏、進退得宜。MJ不只是好朋友，更是好夥伴。

他說他要出書，我說：「不要吧？這樣你的know how就被學走了。」但MJ回答：「我未來一定還可以更好。」

多麼豪氣干雲的回答，這就是我欣賞的MJ，付出從不求回報，我看完他整本書，聽過他整堂課，認識他這個人，人與書都值得推薦。如果用生活常識就能看懂財務報表，如果用簡單語言就能探索投資祕境，絕對值得您珍藏這本書。

如果您跟我一樣，大學唸完企業系、EMBA，可能都還沒有把握看懂財報；如果您跟大多數人一樣，對於數字非常懼怕；如果您跟大多數的創業者一樣，懂得商業模式創新，但不懂利用財務報表分析問題；如果您有著與普羅大眾一樣的問題：「看懂財務報表，不是會計師與財務長的工作嗎？」……這本書，會是您昇華個人投資與企業經營的最佳良伴。

　　MJ教的不僅僅是數字與財報,而是他豐沛的創業經驗,與積極正面的人生。

（本文作者為兩岸知名企管講師,商周、蘋果職場專欄作家）

推薦序

數字的溫度

王永福

　　從來沒有想過，我有一天會看得懂財務報表，甚至對這些數字產生感覺。

　　過去進行個人投資或參與公司經營時，我當然也會試著閱讀財報。但不曉得你有沒有這樣的經驗：報表上的每個項目數字你都認識，卻看不出什麼所以然，只會看一下總收入，再看一下淨利，然後就不曉得要看什麼地方了。

　　這樣的財務知識程度，我自己覺得很不足夠，所以有一段時間，我密集地買了很多投資相關的書籍自行閱讀，像是巴菲特、彼得林區、費雪、索羅斯等大師，還有指導如何看懂財報、財管及會計的書籍。但是這些領域與一般的通識不大一樣，自己看還是有很大的入門障礙，越是深入鑽研，越覺得窒礙難行。

　　當然，投不投資只是一種理財選擇。但是等到自己開公

司，也參與其他公司的運作後，總不能連財務報表或數字都不懂吧？可是，這又回到一開始我提到的：「懂不懂」跟「有感覺」，兩者是完全不同的境界。能不能從這些數字裡抓出一些重要資訊，作為公司經營調整的重要指標？我一直很想補強這個領域的知識，可惜儘管心底很想，卻一直沒有方法可以達到。

後來認識了 MJ ——林明樟老師，在幾次聊天中，我發現他是數字力及財務教學專家。雖然很想報名他的課程提昇程度，只是心裡也會有點擔心：才一天的課，聽得懂、學得會嗎？沒想到，僅僅一天的數字力課程，就解開了我心中的許多謎團，讓我開始有了更清晰的方向。

原來財報可以立體解讀，不能單看一個報表。原來現金為王，很多事情在現金流量表是藏不住的。原來長期穩定的獲利能力，比短期的營業數字更加重要。原來以長支長、快收慢付是關鍵的經營技巧。僅僅一天，打通了我過往摸索已久的窒礙。原來只要懂加減乘除，就一定看得懂財報。原來難的不是專業知識，而是少了一位專家，用「中翻中」的方式帶你入門，這真的太厲害了！也因此在課程結束後，我用「數字力及財務教學第一把交椅」這樣的描述，寫下了我的心得回饋。

　　只是MJ老師的課越來越搶手，不是上市公司主管，還真的上不到。少數開的公開班，也都在很短的時間就額滿了。而像這樣的專業知識，聽一遍當然不夠，最好是有一些書面資訊，可以讓我們重覆閱讀，慢慢思考。如果MJ老師能寫一本書，那就太棒了！

　　現在，這個願望終於實現。我有幸先睹為快，寫得真好！專業之外，還非常有趣易讀，就好像MJ老師在你身邊跟你對話一樣！明明是正經八百的數字力知識，卻常常讓我看了大笑。連「豬頭」這二個字都在文章寫出來了！哈哈！其實要把這麼專業的東西，寫得這麼通俗易懂，而且還不失原來的專業基礎，這背後所要的時間跟功力，不用我多說，相信你看了就會明白！

　　其實書如其人，在專業之外，MJ的人生經歷也十分豐富精彩，不管在專業、生活閱歷，還有家庭及子女教育，都很值得敬佩。我還記得幾年前我們第一次見面，他很認真地說：「教人家理解數字，看懂財報，會讓我開心又興奮。」

　　看著他發亮的雙眼，我真的能感受到他對數字的熱情。也相信這樣的熱情，能夠感染讀者們，讓你融化數字的冰冷，對他更有感覺。我也相信這樣有溫度的數字，能對我們未來的投資、事業，及以人生。有許多不同的啟發！

　　我衷心推薦《用生活常識就能看懂財務報表》，這是一本必買的好書！

（本文作者為《上台的技術》作者、百大上市公司簡報教練）

目錄

PART **3**

資產負債表

PART

1

看財務報表就是在學語言

長期穩定
獲利能力

商業模式
（如何賺錢的邏輯）

轉得快
低價→轉得快
高價→守得住
　　　→非你不可
多角化→到處投資
專注本業（小池大魚）
→穩定持續的需求

銷
毛
營

真假立判
生死存亡

OCF

淨（預估觀念）

現

資產
翻桌率

股東報酬
（RoE）

現金為王　　財務結構

財務知識自我測驗

您已經投資 500 萬元在股市，其中有 250 萬元的部位有賺到錢，另外 250 萬元的部位虧了些錢。您現在手上的現金不夠，需 280 萬元急用。雖然兩個部位都會同時處理，但您會……

A. 先賣掉賺錢的？

B. 先賣掉虧錢的？

先記住您選擇的答案。

現在，**我們把題目稍為修改一下。**您是一家大型公司的執行長，正面臨景氣不好、生意不佳的困境。您有很多不同的事業部，為了讓公司活下來，您會……

1. 先賣掉賺錢的事業部？

2. 先賣掉虧錢的事業部？

　　如果您仔細思考，其實這兩個題目是**高度類似**的問題，只是**立場不同**。第一題是站在**個人投資**角度，第二題是站在**公司經營者**角度。隨著角度不同，相信您心中的答案可能就不相同。

　　當您站在個人投資角度時，要砍掉虧損的部位，認列損失金額，人人都會捨不得。多數人在第一題會選擇賣掉賺錢的股票，先落袋為安比較重要，且認為虧損的股票只要等待時機，就有機會逆轉勝，如此一來兩部位都賺錢。

　　但類似狀況，當您站在公司經營者或專業經理人角度時，要拯救一家業績下滑的公司時，您會選擇賣掉虧損的部門。因為您知道，只有清除公司包袱，讓賺錢單位繼續生財，公司才有機會存活。

　　所以，無論是投資理財（個人）與公司經營（專業經理人），**財務知識在個人與公司經營的道理是相通的。**但我們平常習慣將公與私切割得太清楚，覺得工作上不需要使用財務知識，加上財務知識不太容易學習，所以將這門日常生活都用得上的知識束之高閣！殊不知，進行個人理財時若缺乏正確財務知識，用較長遠的眼光來看，您的資產不會增加，反而會減少，因為您的決策模式與第二題的專業經理人背道而馳！

　　所以，即使是個人理財的決策，我們的角色都必須轉換成專業經理人，理智的為自己做出正確的決定。**財務報表就是一家企業經營的成績單**，唯有認識財務報表，才能幫我們在投資（私事）或經營上（公事）做出正確的決定。接下來，讓我們一起進入財務的奇妙世界吧！

財報不能單看一張

您會投資哪一家？

張曉月決定自行創業，因為過去工作多年的經驗累積，她決定從事歐洲進口食材生意。她在職場上有熟識的供應商，對方同意貨款能30天後支付。

張曉月的銀行存款僅有1萬元，產品毛利40%。初期創業維艱，她用親人的房子當公司，房租水電每個月只要1萬元。她自己不領薪水，沒有聘請員工。為了開發客源，張曉月提供下游客戶60天的付款條件，吸引新客戶。

創業的前三個月，每個月的業績都比前一個月成長50%，收入扣除成本及營業費用後，除了第一個月小幅虧損2000元，第二個月就開始有獲利。

　　蘇麗雯工作多年後，終於下定決心創業，想擁有自己的事業。周邊朋友都在做早餐店，相處久了也有些瞭解，於是她也選擇從事早餐業。

　　蘇麗雯的銀行存款僅有1萬元，早餐店毛利30%。因為主要客源是上班族，她只好在公車站附近找店面，一個月房租加水電要3萬元。她自己不領薪水，也沒有聘請員工。由於早餐店供應商是朋友介紹，同意給她60天付款期。

　　前三個月，早餐店生意非常好，每月營收都比前一個月成長50%。她原以為自己創業順利，立刻就能開始賺錢，沒想到第一個月結帳後，卻意外發現虧損1.5萬元。雖然第二、三個月虧損幅度縮小，但仍無法賺錢，蘇麗雯不禁開始懷疑自己的創業夢能否成真。

　　看完張曉月與蘇麗雯的故事，再搭配他們創業前三個月的損益表（如圖1-1-1），您會投資哪一位？答案我們稍後揭曉。

圖1-1-1	兩家新創公司的損益表

張曉月　新創公司（A）
毛利40%（現金增資每股10元）

蘇麗雯　新創公司（B）
毛利30%（現金增資每股10元）

損益表

業績成長		一月	二月	三月
	銷售收入	20,000	30,000	45,000
	銷貨成本	12,000	18,000	27,000
	銷售毛利	8,000	12,000	18,000
	營業費用	10,000	10,000	10,000
	淨利	(2,000)	2,000	8,000

損益表

業績成長		一月	二月	三月
	銷售收入	50,000	75,000	95,000
	銷貨成本	35,000	52,500	66,500
	銷售毛利	15,000	22,500	28,500
	營業費用	30,000	30,000	30,000
	淨利	(15,000)	(7,500)	(1,500)

　　從這個故事中，我想溝通的觀念是：**財報不能單看一張**，就決定要投資哪一家公司。我們都只看到張曉月及蘇麗雯的損益表，並沒有看到資產負債表及現金流量表，而這就是一般人普遍的盲點：**財報只看損益表**。如果您單看一張財報就決定投資，或者與另一家企業結盟，很有可能會發生他們已經瀕臨破產，您卻不知道的狀況。

　　財報是一個立體的概念，所以絕對不能只看一張表。本書也將以損益表、資產負債表、現金流量表三表合看的概念，貫穿全書架構（如圖1-1-2）。

　　三張表之中，最重要的是現金流量表。說的更明確些，

如果您沒看現金流量表，就等於沒看財報。因為現金流量表上的數字代表真正有該筆金額流入或流出公司，而資產負債表是當天餘額的觀念，損益表則是推估的概念。

回到本節開頭的問題，如果您選的是（A）張曉月，恭喜您，她已經破產了！

圖1-1-2　三張財務報表要合看

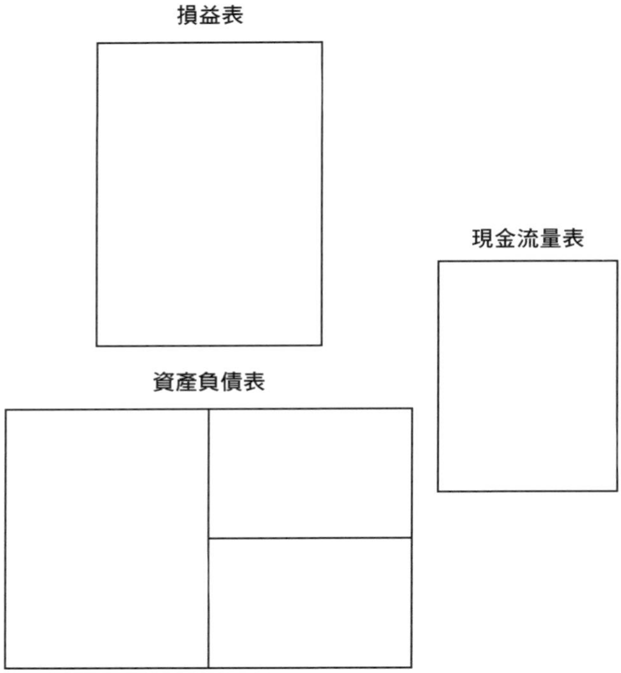

損益表

現金流量表

資產負債表

財務報表是一種語言，難的是「中翻中」

賣菜阿婆也懂財務報表！

很多讀者工作三、五年之後，都會自修不少財會知識，但學了幾年還是一頭霧水或覺得太難，於是敬而遠之。其實大家的常識，已完全足以理解複雜的財務報表，只是自學的過程中，一次要瞭解那麼多不熟悉的科目，才會被搞糊塗了！

這些艱深難懂的名詞，其實沒有想像中的難。您只需將財務報表，當成一種語言學習即可，難的是「中翻中」的能力。

我們來看看賣菜阿婆是怎麼做的，雖然她不懂我們在各大企業的財會專業術語，卻掌握了財務報表上的所有重點。

賣菜阿婆怎麼知道要賣些什麼？她怎麼知道要賣水果或賣漁產比較好賺？

這就是產品策略（Product strategy），只是阿婆不會講專業術語。

每天收攤時，阿婆都會算算今天收了多少錢，順便跟昨天賣菜的狀況比較一下。

這就是銷貨收入（Revenue or Turnover）與銷貨分析的觀念。

阿婆將今天的收入，減去早上的進貨成本，就知道她今天賺了多少錢。

這就是銷貨收入（Revenue or Turnover）減去銷貨成本＝銷貨毛利。而且她完全不用付稅，因此毛利＝淨利。

阿婆怎麼知道她和其他菜販之間的狀況，決定該賣水果或蔬菜比較好，還是要賣其他東西？

這就是產品組合分析（Product Portfolio analysis）、競爭者分析（Competitor analysis）的觀念

阿婆怎麼知道每天要進多少貨？

這就是存貨管理（Inventory management）。

阿婆怎麼知道攤販的經營能力好不好？

這就是企業中的周轉率觀念，例如應收帳款周轉率，存貨周轉率，總資產周轉率……等等。但阿婆不看這個！她不懂這些艱深難懂的專業名詞，阿婆只看空箱率。

例如，每天進了5箱蘋果，收攤時有5個空箱；每天進了5箱香蕉，收攤時只有1個空箱。她立刻知道蘋果的銷量最好，而空箱率就是存貨周轉率的概念。

阿婆該進一顆100元的蘋果來賣，還是進一顆10元的蘋果來賣？

這就叫客單價分析（Average Selling Price Analysis）或銷貨分析。如果阿婆的客戶平均單價只有50元，她知道該進一顆10元的蘋果來賣，而不是一顆100元的，因為她知道她的客人買不起，得花很久時間才有機會賣掉這顆高價的蘋果。

阿婆賣菜時，怎麼知道要和常年往來的批發商談月結付款，賣東西時則要盡量收現金？

這就是應收應付管理，營運資金管理（Working capital management）的一環。

阿婆年底會參考一整年的銷售狀況，以及競爭者是否有賺到錢，還有一些客人的反應等因素，來調整自己攤販明年的產品種類，決定是要繼續賣水果，還是轉賣牛肉或海鮮。

這就是企業每月一次的經管會議，或是一年一度的啟動大會（kick-off meeting）。

賣菜阿婆從來沒有學過財務報表，也不懂會計，她卻以相同的概念賣了一輩子菜。同樣的，各位沒有學過財務會計等專業課程，卻能理解阿婆做生意的方式，因為這些是生活中大家已有的概念，由此可見，您已經一腳踏入了財會領域，對於財務報表的理解，肯定比您自己想像的還要厲害。

所以，這些艱深的財會名詞，沒有想像中的難，只需將財務報表當成一種語言學習即可，難的是「中翻中」。

生活中的數字密碼

前面提到客單價，順便來測測您的財務常識。請問大家，7-11便利商店的客單價大約是多少？

(1) $30　(2) $50　(3) $70　(4) $100　(5) $150

　　答案是(3)！這可以用常識推導出來。請回憶一下，目前7-11多少元消費可以集點一次？答案是77元，背後的涵義便是7-11全台灣的客單價大約在70元上下，為了鼓勵大家消費，才提出77元消費集點送好禮的活動，希望藉此刺激買氣，順便將客戶的消費單價往上提。

　　所以，生活中到處都有商業的數字密碼，端看您是否打通您的財務知識任督二脈。

財報閱讀第一招：看懂全貌即可

接下來為大家整理常見的三大報表與相對應的重要會計科目，您只要先看一下，掌握到全貌即可，細節會在後續章節一一加以說明。

◎**損益表**（Income Statement 或 Profit & Loss）

顧名思義，有損失、有收益。它告訴我們一段期間內，公司是出現損失或收益？想瞭解一段期間內，公司是虧錢還是賺錢，就要看這一張叫「損益表」的報表。

◎**資產負債表**（Balance Sheet）

讓我們瞭解在特定的某一天，公司有多少現金、應收款、存貨、固定資產等資產？同時，又欠了廠商多少貨款、

欠銀行多少貸款等負債項目？股東們又出資了多少錢？這些資訊集中在一起的報表，就叫做「資產負債表」。

◎**現金流量表**（Cashflow Statement）

讓我們瞭解公司資金的來源有哪些，同時揭露公司資金最後被用到什麼地方等資訊。換句話說，現金流量表，就是一張能讓大家瞭解公司資金流入與流出動向的報表。

這就是我們工作上最常聽到與看到的三張報表（如圖1-3-1）。財務知識要學得好，其中一個很重要的關鍵，是三張報表要擺在一起閱讀，以立體的觀念看待（如圖1-3-2），才能掌握全貌與相對應的關係。目前請大家先將這三張報表的位置記下來就好，暫時不需理會每張報表的科目，後面的章節會有詳細說明。

不必急著背專業名詞與科目

大多數人學習財務報表時，都會遇到一些難關，其中最難的就是會計科目，讓人背到暈頭轉向，有應收帳款、應付帳款、商譽、資本公積、存貨……一大堆專有名詞。

圖1-3-1 損益表、資產負債表、現金流量表

損益表

銷貨收入
銷貨成本
銷貨毛利
營業費用
推銷費用
管理費用
研發費用
折舊費用
分期攤銷費用
營業利益
其他收入／支出
稅前息前盈餘（EBIT）
利息收入／支出
所得稅
稅後淨利（NI）
每股盈餘（EPS）

現金流量表

營業活動的現金流量
投資活動的現金流量
融資活動的現金流量

資產負債表

現金與約當現金	應付帳款
應收帳款	一年到期之長期負債
存貨	長期負債
預付費用	其他長期負債
其他流動資產	
機械廠房設備	普通股股本
土地	保留盈餘
商譽	資本公積
無形資產	

→ 財務槓桿

圖1-3-2　三張報表的立體觀

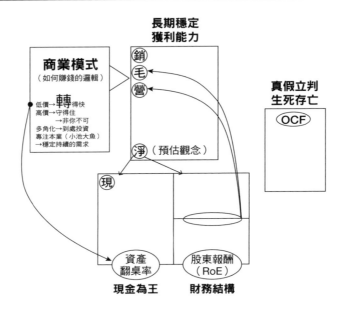

其實您不用背，先看懂即可，就能知道一家公司的財務報表總的來說是否良好。

假設我兒子今年剛好讀大學，暑假到了，我叫兒子拿成績單給我看。他說：「老爸，您看不懂的！您學商，我學理工，空氣力學、航空學……這些您都看不懂，不用看我的成績單啦。」

　　請問我需要懂空氣力學、航空學嗎？不用，因為我知道60分及格，80分不錯，90分很棒！而如果他拿出來的成績單是「18分」，我就可以直接揍下去，因為人人都知道18分是死當！

　　同理，財務報表就是公司營運的成績單。所以在學習的第一階段，您只要能看懂這家公司的財務報表（營運成績單）是及格或不及格就好。

　　而且奇妙的是，會計師是一種特殊的行業，他拿上市櫃公司的錢（簽証／查核服務費用），又要出具查核報告給該上市櫃公司。所以基本上，會計師是一種特殊行業的人士：他跟老闆收錢，又要評論這位老闆的財報是好是壞！

　　因此會計師法中規定，會計師不能隨便寫查核意見，只能在既定項目之中**五選一**。所以，我們只要能理解這五種查核意見的真正意涵，就能知道這家公司的財務報表（營運成績單）是否及格。

「中翻中」會計師的五種查核意見

◎無保留意見

通常是指，會計師按照一般公認審計準則執行查核工作，未受到限制，且財務報表業已依照一般公認會計原則編製，且有適當揭露時，會計師就會出具這種叫「無保留意見」之查核報告（圖1-3-3）。

五種查核意見中，這是**最好的一種**。

當會計師給出「無保留意見」的查核報告，如果用滿分100分為基準，您可以把該公司財務報表的總成績單視為90分，代表這家**公司表現良好！**

圖1-3-3　優先看查核意見

中華電（2412）的會計師查核報告

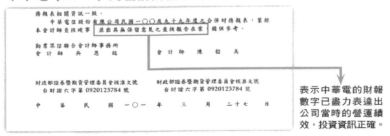

表示中華電的財報數字已盡力表達出公司當時的營運績效，投資資訊正確。

所以，「無保留意見」經過中翻中之後，意思是**「毫無保留，心中坦蕩蕩」**：我這個會計師，在查核我客戶公司的財務報表時，沒有任何保留，我是坦蕩蕩地在做這份查核報告的。

◎修正式無保留意見

依法規規定，當會計師遇到下列六種情形時，應於無保留意見查核報告中加一段說明文字，這就是「修正式無保留意見」。

1. 會計師所表示之意見，部分係採用其他會計師之查核報告，且欲區分查核責任。
2. 對受查者之繼續經營假設存有重大疑慮。
3. 受查者所採用之會計原則有所變動，且對財務報表有重大影響。
4. 對前期財務報表所表示意見，與原來所表示者不同。
5. 前期財務報表由其他會計師查核。
6. 欲強調某一重大事項。

簡單來說，這表示該公司在會計制度上有變更過，或者更換過會計師，才會出具「修正式無保留意見」，中翻中就是**「修正式坦蕩蕩」**。

五種查核意見中，這是第二好的一種。基本上，這家公司的財務報表可信度還不錯，「修正式無保留意見」可以視為85分。

◎保留意見

中翻中的涵義是：我有**難言之隱**，表示會計師認為這家公司有些問題，但不好意思講。這種有難言之隱的「保留意見」，可以視為60分的成績單。

◎無法表示意見

中翻中的涵義是：我**看不懂**。會計師天天與數字為伍，或許具有20年以上的資歷，他都看不懂了，您又怎麼可能看得懂？這種看不懂的「無法表示意見」，可以視為50分。

◎否定意見

中翻中的涵義是：**唬爛**，完全不及格。

運用查核意見來判斷

　　以上五種會計師的查核意見，現在大家應該都知道其中代表的意義，而且不用背，只要**懂得中翻中**即可。換句話說，只要參考會計師的意見，就可以幫助我們省下很多的時間——只有獲得「無保留意見」與「修正式無保留意見」這兩種查核意見的財務報表，才值得我們花時間繼續研究下去。

　　這招也可以反向運用。如果您合作的供應商或是重要客戶的財務報表，會計師查核後給出「保留意見」、「無法表示意見」或「否定意見」，這些代表有**難言之隱**、**看不懂**或**唬爛**的狀況，您就要特別小心，代表這家公司大有問題，您與這家公司合作時，可能隨時會發生斷料或應收款變成呆帳的問題。

　　最後要特別說明的是，會計師製作查核報告時，因為有非常多的查核動作需要執行與確認，實務上的作業非常耗時，法規只要求上市櫃公司**一年出具一次**，所以只有在每一家上市櫃公司的「年報」上，才會看到會計師的五種查核意見之一。

　　如果您只看公司的「季報」，因為會計師作業時間有限，無法真正進行查核，所以季報通常只能看到「核閱報告」（圖1-3-4）——會計師只有基本的核閱，沒有實際去查証核對過。「查核報告」（圖1-3-5）代表會計師團隊有實際到公司，仔細查証、核對過相關帳冊與帳料是否相符後，才能出具查核報告。

圖1-3-4　核閱報告範本

本會計師係依照審計準則公報第三十六號「財務報表之核閱」規劃並執行核閱工作。由於本會計師僅實施分析、比較與查詢，並未依照一般公認審計準則查核，因是無法對上開合併財務報表之整體表示查核意見。

勤業眾信聯合會計師事務所

會 計 師 高 逸 欣　　　　　　　會 計 師 黃 鴻 文

行政院金融監督管理委員會核准文號　財政部證券暨期貨管理委員會核准文號

　金管證審字第0980032818號　　　台財證六字第0920123784號

中　　華　　民　　國　　103　　年　　11　　月　　11　　日

圖 1-3-5　查核報告範本

台灣積體電路製造股份有限公司業已編製民國 103 及 102 年度之個體財務報告，並經 本會計師出具無保留意見之查核報告在案 ，備供參考。

勤業眾信聯合會計師事務所

會 計 師 高 逸 欣　　　　　　　會 計 師 黃 鴻 文

行政院金融監督管理委員會核准文號　財政部證券暨期貨管理委員會核准文號

　金管證審字第 0980032818 號　　　台財證六字第 0920123784 號

中　　華　　民　　國　　104　　年　　2　　月　　10　　日

NOTE

會計師的查核報告，可至「公開資訊觀測站」（http:// mops.twse.com.tw/mops/web/t163sb03）查閱。

會計師查核意見標準解釋

◎**無保留意見**（Unqualified Opinion）

　　會計師按照一般公認審計準則執行查核工作而未受到限制，且財務報表業已依照一般公認會計原則編製且有適當揭露時，會計師即應出具無保留意見之查核報告。

◎**修正式無保留意見**（Modified Unqualified Opinion）

　　當會計師遇有下列各項情形時，應於無保留意見查核報告中加一段說明文字，此即是「修正式無保留意見」。

1. 會計師所表示之意見，部分係採用其他會計師之查核報告，且欲區分查核責任。

2. 對受查者之繼續經營假設存有重大疑慮。

3. 受查者所採用之會計原則有所變動，且對財務報表有
   重大影響。

4. 對前期財務報表所表示意見，與原來所表示者不同。

5. 前期財務報表由其他會計師查核。

6. 欲強調某一重大事項。

◎保留意見（Qualified Opinion）

　　係會計師多加一段說明段，而且在意見段中對查核範圍
受到限制或會計原則會計政策之選擇或財務報表之揭露，認
為有所不當而對該事項有所保留，也就是在查核報告的意見
段中出現「除上段所述……外」之字眼。

◎無法表示意見（Disclaimer Opinion）

　　係會計師查核範圍受到限制，致會計師無法獲取足夠及
適切之查核證據，且情節極為重大，出具保留意見仍嫌不足
者，會計師應出具無法表示意見之查核報告。其將於查核報
告的意見段中說明「……對第一段所述財務報表無法表示
意見」。

◎否定意見（Adverse Opinion）

係表示會計師對受查公司在會計政策之選擇或財務報表之揭露認為有所不當，且情節極為重大，致出具保留意見仍嫌不足時，會計師應出具否定意見之查核報告。於查核報告的意見段中出現「第一段所述……之財務報表無法允當表達……」之字眼。

查核報告段落說明

◎前言段

說明所查核財務報表之種類及日期，並區分會計師與企業之責任。

◎範圍段

說明查核工作的範圍、性質及工作目的。

◎說明段

凡出具「保留、否定或無法表示意見」之查核報稿者，應於意見段之前補充一「說明段」（Explanatory Paragraph）。

◎意見段

表示會計師出具之查核意見。

◎解釋段

凡出具「修正式無保留意見」之查核報告者，則通常於意見段之後補充一「解釋段」（即為英文之Explanatory Paragraph）。

PART

2

損益表：告訴您公司到底是賺還是虧

**長期穩定
獲利能力**

商業模式
（如何賺錢的邏輯）

轉
低價→轉得快
高價→守得住
　　→非你不可
多角化→到處投資
專注本業（小池大魚）
→穩定持續的需求

銷
毛
營

淨（預估觀念）

現

**真假立判
生死存亡**

OCF

資產
翻桌率

股東報酬
（RoE）

現金為王　　**財務結構**

用生活常識推導出正確的損益表觀念

　　前面提到財會的世界中，損益表、資產負債表、現金流量表三張報表非常重要，這個章節要跟大家分享損益表的觀念。

　　損益表的基本觀念很簡單，就是讓您看出一家公司在一段期間內是賺錢或虧錢（損失或收益）。從字面上解讀，**損益表＝損失或收益的一張報表**，所以英文叫做P&L（Profit and Loss）或 Income statement。

　　既然損益表代表一家公司一段期間內的盈虧，是不是和您自己一段時間內可以存／透支多少錢的觀念接近呢？所以我們可以由個人的觀念，推導到公司（財報）的觀念。

　　現在請您想想：您一個月能存多少錢？其中的邏輯是什麼？

其實很簡單，從小到大，我們都有這樣的觀念：**薪水－費用支出＝您能存下來的錢或透支的錢（損或益）**

換句話說，**損益表＝收入－支出＝帳面上賺的錢（損或益）**。

接著我們再分項目看細一點的邏輯，判斷您一個月（一段期間）能存多少錢。

(a) 首先您有一份固定的薪水（也就是**收入**）。這筆收入不可能毫不動用，全都存起來，因為我們不是神，生活無處不花錢，對吧？

(b) 所以我們需要減去生活上的開銷，包含食、衣、住、行、育、樂六大項。

(c) 您正準備要存錢，結果朋友發了很多紅白帖（意外的支出），讓您能存的金額又變少了。換成專業的財會用語，這就是「其他支出」。至於「其他收入」，是指您自己三不五時跑去買彩券，不小心中獎了，屬於非本業（工作薪水以外）所帶來的收入。

(d) 搞定人情世故的紅白帖之後，剩下的錢還不能存，因為您還有車貸、房貸的銀行利息要付！換成專業的財會用語，這就是「利息收入與支出」。

(e) 接著，您每年還要繳所得稅給政府。

(f) 最後，由（a）的收入中，扣除了（b）＋（c）＋（d）＋（e）全部的費用，才是您最後真正存下來的錢。

所以，每個月存下來的錢（f）＝（a）－（b）－（c）－（d）－（e）。

將個人理財觀 Smart Copy 到公司層級

瞭解一般人存錢或透支的過程之後，我們將它對應到公司層級（如圖 2-1-1）。

◎銷貨收入

薪水是個人收入（a項），對應到公司版，即為A項「銷貨收入」。

◎營業費用

個人的費用支出（b項），分為食、衣、住、行、育、樂共六項。您一個人就有這六項費用，而公司有幾百、幾千

圖2-1-1 從個人到企業的損益表科目對照

個人的損益表科目　　　　　　　　　企業的損益表科目

	個人的損益表科目			企業的損益表科目
a	薪水	➡	A	銷貨收入
b	費用支出	➡	B	營業費用
b1	食		B1	推銷費用
b2	衣		B2	管理費用
b3	住		B3	研發費用
b4	行		B4	折舊費用
b5	育		B5	分期攤銷費用
b6	樂			
c	其他收入／支出	➡	C	其他收入／支出
d	利息收入／支出	➡	D	利息收入／支出
e	所得稅	➡	E	所得稅
f	（賺）存下來的錢	➡	F	稅後淨利（NI）

人，費用也應該會有很多種，因此有銷、管、研、折舊費用、分期攤銷費用……等等。個人有六種費用，公司則有五種費用。

會計複式簿記這套制度，是在後文藝復興時代，由義大利威尼斯商人所發明的。他們在設計之初，就加了很多防呆

機制，所以費用會跟費用放在一起。

公司版的五個費用，等於行銷費用＋管理費用＋研發費用＋折舊費用＋分期攤銷費用，統稱為「營業費用」。它是不是很像個人版的六種費用呢？

所以，個人版的費用支出（b項），就是公司版的營業費用（B項）。

◎其他收入／支出、利息收入／支出、所得稅

同樣的，我們生活中有c、d、e三項，所以對應到公司，也會有C、D、E三項。

這樣我們不就以生活中的常識觀念，推導出公司損益表的80%架構了嗎？剩下的20%，我們可以利用自己工作上的經驗去推導。

首先是銷貨部分（如圖2-1-2），有「銷貨收入」，就會有「銷貨成本」。**收入－成本＝銷貨毛利**

各位有沒有看到……財會的世界是一組一組、有邏輯的，也就是說，銷貨○○之類的項目，都會一組一組地放在一起！

接著，有「營業費用」，就有「營業利益」，而營業○○的科目，也會一組一組放在一起！

圖2-1-2　公司版的損益表科目

A	**銷貨收入**
	銷貨成本
	銷貨毛利
B	**營業費用**
B1	推銷費用
B2	管理費用
B3	研發費用
B4	折舊費用
B5	分期攤銷費用
	營業利益
C	**其他收入／支出**
	稅前息前盈餘（EBIT）
D	**利息收入／支出**
E	**所得稅**
F	**稅後淨利（NI）**
	每股盈餘（EPS）

（用工作經驗去推導出來的）

（用工作經驗去推導出來的）

　　同理，○○費用也是一樣的道理，相同屬性的科目都會一組一組放在一起，就像食、衣、住、行、育、樂那樣，會放在一起思考。

　　唯一比較難記的是EBIT（Earning Before Interest and

Tax），中文叫**稅前息前盈餘**。其實，這個科目更笨了……它已經自己說出它的位置了！

它是在所得稅之前（稅前），而且又在利息之前（息前）所賺的錢，因此要放在「所得稅」與「利息支出」的科目之前。而且，這三個科目一定會放在同一群組，上下順序也透露出來了。所以，EBIT的中文翻譯才會叫做「稅前息前盈餘」。

而稅後淨利（F），就等於收入（A）扣掉各項費用（B、C、D、E）。

其中，稅後淨利是「總量、總數」的觀念，另有一種以「個股」為準的概念，就是每一股份中，公司到底這段期間賺了多少錢。這叫做**每股獲利**，或叫**每股盈餘**EPS（Earning Per Share）。

損益表觀念總結

再次提醒大家，損益表的基本觀念，是讓您看出一家公司在一段期間內是賺錢或是虧錢（損失或收益）。從字面上來看，損益表是損失或收益的一張報表，所以英文叫做P&L（Profit and Loss）或Income statement。

　　所謂的一段時間，如果是一個月，就叫月報，例如1月1日～1月31日。一季的損益表現，就叫季報；半年就叫半年報，一年就叫年報。

　　因為是一段期間的損益（損失或收益），所以損益表是流量（會動的）的觀念，而不是定量（當天餘額）的觀念！

　　換句說說：任何會計科目，凡是與賺錢或是虧錢有關的科目，把它全部放在**損益表**就對了！然後用個人的觀念（您一個月可以存多少錢），就可以推導出正確的公司版損益表（公司一段期間內到底賺或虧了多少錢）。

　　希望在這個章節，大家已經能用生活常識融會貫通，快速理解損益表的基本概念。

量大不一定最好

營收一年380億新台幣，大不大？380億，剛好是茂德公司一年的營收，它倒了！

營收一年500億新台幣，大不大？500億，剛好是力晶公司一年的營收，它發生過財務危機。

營收一年1,000億新台幣，大不大？1,000億，剛好是勝華公司一年的營收，它倒了！

所以，**銷貨收入大，不一定是最好**（如圖2-2-1）！

銷貨收入是公司損益表的第一個科目，它就像是我們的個人收入。當您每個月收入有10萬元，好還是不好？這要看後面的費用支出。如果您一個月的開銷是20萬，10萬塊的收入對您就不好；但若是您的支出，也就是包括食、衣、住、行、育、樂，只有2萬元，那麼10萬的收入就很好了。

這帶出一個重要觀念：在財務世界中，**絕對金額沒有太多的意義**，相對與分類的觀念更重要！

圖2-2-1　**數字大未必好**

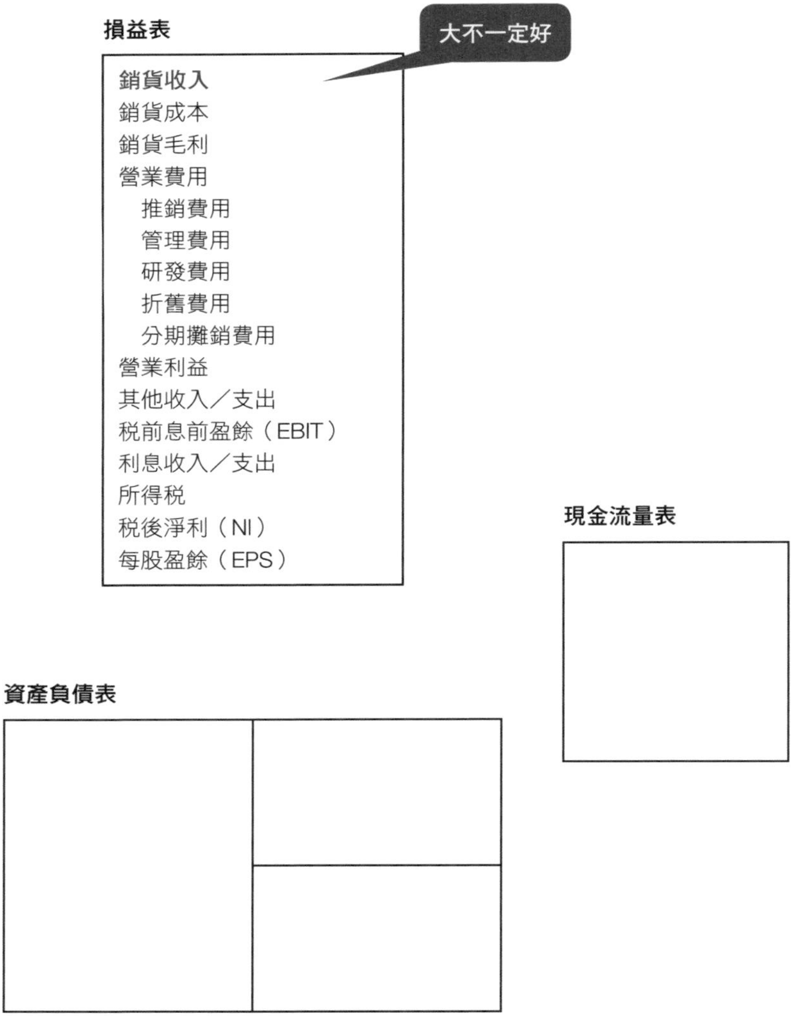

損益表

大不一定好

銷貨收入
銷貨成本
銷貨毛利
營業費用
　推銷費用
　管理費用
　研發費用
　折舊費用
　分期攤銷費用
營業利益
其他收入／支出
稅前息前盈餘（EBIT）
利息收入／支出
所得稅
稅後淨利（NI）
每股盈餘（EPS）

現金流量表

資產負債表

絕對數值沒有太多意義，充其量代表規模大小而已！

您有沒有發現，單看銷貨收入是一個「絕對值」？在財會領域，絕對值沒有太多涵義，只有相對值或分類才有意義。就像是收入10萬元好不好，要看您的支出狀況，也就是從相對值或比較值才能判定好壞，或者要進一步將收入做細分才有用（如圖2-2-2）。

這個概念非常重要，千萬不要一聽某公司營收創新高，就覺得不錯！這是不對的觀念唷！

還記得營收380億、500億、1,000億新台幣，這三家公司好不好？（茂德；力晶；勝華。）

所以損益表有一個重要觀念：**量大不一定最好，要先分類營收，才有辦法分辨好壞**。因為，即使第一個科目（銷貨收入）數字漂亮，但尚未扣除成本與費用，還不知道這家公司是否有賺錢能力。

銷貨收入三大常用分類法

銷貨收入要如何分類呢？一般有三種最常用的分類法：

圖2-2-2　數字大小是相對性的觀念

損益表

> 絕對值沒有意義，
> 要做分類。

銷貨收入
銷貨成本
銷貨毛利
營業費用
　推銷費用
　管理費用
　研發費用
　折舊費用
　分期攤銷費用
營業利益
其他收入／支出
稅前息前盈餘（EBIT）
利息收入／支出
所得稅
稅後淨利（NI）
每股盈餘（EPS）

現金流量表

資產負債表

◎依客戶別區分

我們把客戶這樣一分，就可以用80／20法則的概念去看，分析哪些客戶的貢獻是80%。如果收入大部分都來自一個大客戶，這可能是好消息，也可能是壞消息，因為一旦大客戶轉單，就會產生滿大的風險；做生意就是要長期穩定，所以有了大客戶也不能過於高興。不信的話，回頭瞧瞧勝華吧？它都拿到一個大客戶蘋果公司，結果還是倒了！

◎依產品線區分

我們依產品分一分，就知道哪些產品賺錢，哪些是虧錢；哪個產品貢獻大，哪個貢獻少？這樣的簡單分析，能幫助公司將研發資源做較好的配置。

◎依區域區分

當然是五大洲都包含最好，如果全公司百分之九十都壓在中國大陸，一旦兩岸有些許動盪，不就全都完了，所以要注意企業是否有分散風險。如果為公司創造營收的客戶或區域都很集中，經營的風險就會偏高，因為在真實的商務世界，客戶不是您兄弟，不會對您死心塌地不離不棄，客戶為了降低供應商風險，時不時就轉單已經變成常態。

細分收入來源作為判斷基準

銷貨收入背後的眉眉角角，既是商機、也是危機；即使量大、收入高，也別忘記去細分收入來源。例如，營收創新高是因為客戶嗎？是單一客戶嗎？是區域還是產品線？如果全都壓在同一個區域，不是大好就是大壞，風險太高。企業經營追求的是**長期穩定的獲利模式**，大起大落有點像是賭場賭博，最好盡量避免。

所以，看見銷貨收入後，必須有一個觀念：不是只看見金額大就覺得很好，還要想辦法去蒐集資料，看到細部的資訊。因此，看見絕對值時，要盡量將它分類，歸納分析出真正的意義。

企業經營必須將本求利，要有做百年企業的思維，長期永續經營才有價值。損益表雖然能讓您知道一家公司的獲利能力，但這獲利能力要長期穩定，不能只看當下的絕對值。

此外，我們剛才講到銷貨收入沒有那麼重要，為什麼？因為營收雖然很大，但尚未扣除成本費用，所以絕對數字沒有意義。**要瞭解營收（銷貨收入）後面的意義，必須先做分類**，看看哪一種收入比較好。

收入比一比，看誰比較好

我們來看看實際的案例。以下是兩家日本上市的社群媒體公司（social media），一家叫做GREE，有2100萬左右的會員，另一家是mixi，會員人數也有2100萬左右。

GREE的業績是92.72億日圓，mixi的業績則是39.35億日圓。如果光看絕對金額，我們只知道92億比39億大，而且大了2.36倍！

所以，絕對數字只能告訴我們規模大小的表面意義。

為了進一步分析，我們可以將收入進行分類，分為①會員收入、②首頁廣告、③其他收入（如圖2-2-3）。

上述三類收入，您覺得哪一種收入比較好？①或②或③？

答案是「會員收入」。因為會員收入是持續性的，而且一收就是收半年、一年甚至五年，它是長期穩定的收入！

首頁廣告收入乍看之下很棒，金額又大，但請您仔細思考一下。當公司賺錢、景氣好時，這種收入確實很好，可是一旦景氣反轉，可能就沒有客戶會下廣告了。想想2008年金融海嘯期間，有多少公司會花大筆預算在雅虎的首頁下廣告？所以，如果一家公司的營收，是以這種不穩定的收入為主要來源，它就不具備長期穩定的獲利能力。

圖 2-2-3	日本兩大著名 SNS 公司營收內容分類表

mixi	會員人數 2102 萬	
營收（円）	金額（億）	佔比
總營收	39.35	100%
❶會員收入	5.08	12.90%
❷首頁廣告	32.68	83.05%
❸其他廣告（Find Job）	1.59	4.04%

GREE	會員人數 2125 萬	
營收（円）	金額（億）	佔比
總營收	92.73	100%
❶會員收入	74.62	80.47%
❷首頁廣告	18.01	19.42%
❸其他廣告（Find Job）	0.1	0%

資料時間點：2011 年

　　因此 GREE 的營收是 mixi 的 2.4 倍，但 GREE 的股票市值是 mixi 的 4.3 倍多，其背後的主因，就是 GREE 長期穩定的獲利能力：它有持續性的營收，也就是會員收入較多，佔了 80.5% 的總營收。（當然，後續兩家公司變成 PC 與移動裝置平台之爭。）

　　所以，一樣是銷售收入，內涵卻大大不同。下次當我們分析損益表，看見銷貨收入的時候，記得**不能只比較金額大小**（絕對值的觀念），而是要進行分類，才能看出一家公司的營收品質好不好！

　　做生意除了將本求利，最重要的是永續經營（Going concern），所以損益表的核心觀念是：**長期穩定獲利能力！**

假設您是房產的業務人員，如果您這個月業績特別好，是因為租出了100間房子，或者賣了100間房子。兩者相比，您覺得那一種營收的品質比較好？是賣房子的收入好，還是租房子的收入好？

答案應該是租出去比較好，對吧！因為租出去的100間房子，只要別對房客毛手毛腳，下個月至少會有90多間持續租下去，這叫做長期穩定的獲利能力（有持續性的收入）。台灣人喜歡當包租公，就是因為具有這個特性。

另一方面，賣了100間房子，絕對金額很大，但是這個月能賣出100間，下個月呢？兩個月之後呢？也有可能連續三年再也賣不出一間房子了。這種收入叫「一次性的收入」，不可預期，也沒有長期穩定，所以房產業務員的流動性很高。

損益表八字真言：長期穩定獲利能力

當您真正讀通損益表，其實可以濃縮成簡單八個字：**長期穩定獲利能力**。

換句話說，我們要從損益表中看出公司是否有這種特性。看財報時，建議要看連續五年左右的財報，才能看出長

期發展，而且要去分析數字背後的意義，掌握整個脈絡，看看是否確實具有長期穩定的獲利模式，避免被一時的營收創新高給蒙蔽了。

將這個概念再延伸，只看絕對值沒有意義，只看單一科目也沒有意義。由於單一科目（銷貨收入）不能代表公司的獲利能力，損益表是看**損與益**，並不能因此定生死，所以只看單一報表是有風險的，要將財務的三大報表──損益表、資產負債表與現金流量表──放在一起看，才能看見全貌。

還記得您在本書1-1時，選的是張曉月或蘇麗雯嗎？

選張曉月的朋友，她已經破產了，所以財務報表只看一張（損益表）其實是很危險的！

損益表分析 Tips

1. 銷貨收入大，不一定是最好。
2. 光看銷貨收入的絕對值沒有意義，要做分類。
3. 光看單一科目、單一報表沒有意義，損益表、資產負債表與現金流量表必須放在一起看。
4. 閱讀損益表的關鍵：判斷公司是否具有長期穩定獲利能力。

收入、成本和費用，哪一個重要？

前面說明了銷貨收入的概念，接著我們來看看如何提高淨利。

從損益表可以得知：

$$
\begin{array}{r}
收入 \\
-）\ 成本 \\
-）\ 費用 \\
\hline
=\quad 淨利
\end{array}
$$

企業經營就是要提高淨利，根據上面的算式，可以發現提高淨利的方法有兩種：增加收入，以及降低成本或費用。到底哪一個重要？要選擇開源，還是節流比較好呢？

兩者其實都重要，但由於企業資源有限，不可能什麼都做。收入、成本、費用，如果只能三選一，您會優先選哪一項？請記住您的答案。

魚與熊掌的抉擇

魚與熊掌不可兼得，每個行業都有自己不同的考量，選什麼答案都算對，但是本書想要帶給您一個觀念。

選擇銷貨收入，恭喜您，這就像是搭電梯往上，如果地基打得好，可以一直抵達100、200層，樓高不受限制。

選擇成本或費用，這也沒錯，但要跟您報告一下，您未來的路會越來越窄，就像是搭電梯往下，只能從B1至B10。因為，**不管您怎樣省、摳門到極限，成本與費用也一定要大於零吧！**即使您的用料從沙拉油變成化工調製油，成本已經非常接近零，一旦被客戶發現，對產品品質與企業形象的殺傷力也很大！**過度的成本控管，終究會傷害公司對外的品牌形象。**

而且，如果一家公司只會採用電梯向下、降低成本或費用的作法，也會對公司內部士氣產生不好的影響。舉例來說，景氣不錯時，公司的茶水間什麼都供應；景氣不好時，公司的管理部門會先收掉最貴的咖啡，然後收掉茶包，接著不再免費供應白開水，室溫40度才能開冷氣……

多數員工都會持續忍耐，沒想到管理部門又動了廁所衛生紙的主意，原本是無限量供應，改成一次兩張，然後是只

供應一、三、五，週二、週四不供應。您如果是員工，您會不會不爽？可想而知，當然不爽！

請問上述取消咖啡、茶包、供水、衛生紙的作法，是在節省什麼費用？答案是，管理費用！

但這種省法，其實一個月省不到幾萬元，卻將最有生產力的員工給惹毛了！大家都會找各式各樣的理由偷懶，因而造成的生產力損失，可能是數百萬到數千萬元不等，得不償失啊！**過度的費用控管，會傷害公司內部的員工士氣。**

所以，如果過度擠壓降低成本或費用，有可能最後會走進一條死胡同。

不過還是要特別講一下。成本與費用重不重要？當然重要，一定要省，一定要控制！但過程要合理，也要合情！因為如果控制過頭，減成本就變成偷工減料，減費用就等同降低士氣！

正確的成本與費用控管觀念：
花更多的錢，提出更賺錢的方案

再看一個例子，媒體曾經報導過 iPhone 6 在美國製造與中國製造的成本比較（如圖 2-3-1），美國製只比中國製的

図2-3-1　iPhone 6製造成本比較

計算前提：
- 提供美國在地iPhone消費市場
- 僅製造服務（人力、電力、支援）移動至美國進行終端產品組裝生產，零組件材料供應鏈並未移動
- 以4.7吋iPhone 6 64G版本計算

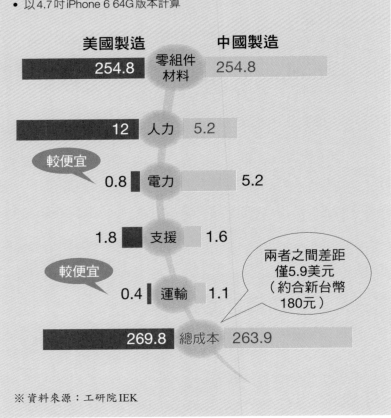

※資料來源：工研院IEK

成本高出6美元。臺灣過去不就是專注於降低成本，藉此取得訂單嗎？努力四十年來取得成本優勢，大陸十五年就追上了，而且我們毫無招架之力，只好拱手讓人。

所以要增加淨利，還是建議著重於收入，成本費用只做適當的控管。因為成本與費用控管的最新觀念，應該是：**花更多的錢，提出更賺錢的方案！**

例如，我是一家公司的老闆，經營超過了十年。不管景氣好壞，每個月營收大約是1億元，團隊成員這十年來試了很多方法，每個月還是只有1億元左右的營收。所以我決定：從這個月起，公司當月營收若超過一億元，該超額營收所產生的毛利，一半當月直接分給員工，一半留存公司。

請問，如果您是我的員工，會不會想拚一下，多分一點獎金？會吧！

這就是花更多的錢，提出更賺錢的方案。雖然給員工發出更多的獎金費用，但公司也相對獲得了超過1億元營收毛利的50%。

或是，我決定：從這個月起，任何員工想出新的成本費用控管方法，只要合情合法合理，一旦被公司採用，且能真正產生成本費用下降的好處，節省下來的成本與費用，公司將直接提撥10%給當事人；另外20%，則提供給該員工所

屬的團隊。如果您是我的員工，您會全力以赴提出好點子嗎？會吧！

這也是花更多錢，提出更賺錢的方案！即使多花了30%獎金費用出去，公司實質上還是省下了另外的70%！

希望大家帶著這個新觀念，走出只拚成本、只拚費用控管的工廠思維經營模式。

開源或節流沒有標準答案

所以，針對增加收入還是成本／費用控管重要，這個問題我沒有標準答案，只有建議答案。換句話說，提高收入、降低成本與費用都重要，但比例要放對。40%放在成本費用的控管，其他資源放在創造價值，這才是長期經營穩定獲利的較佳方向。

要創造那些價值呢？通常有兩個方向可以努力：

◎增加收入

包括公司的收入與客戶的收入，都能為自己公司帶來更高的價值。

◎增加新產品

無論是為公司增加新產品、新市場、新應用或新領域，總之將餅作大，而不只是一直低價搶單，爭食現有的紅海市場。

不妨從這些方向找出公司的優勢，然後投入資源，提高銷售收入，並且創造更高的獲利。

如果您想觀察一家公司的潛力，則可以從資料中分析這家公司選擇增加收入還是降低成本？看看其中的比例與做法，就可以推估出它未來是否具有長期穩定的獲利能力。

公司有賺錢，為什麼卻倒閉了？

損益表雖然是告訴您一家公司是賺錢還是賠錢的報表，但它只是**「預估」的觀念**，因為**淨利不等於現金**——為什麼？

想像一下，現在給您看任何一家上市櫃公司上個月的損益表（月報），請問該公司損益表下的第一個科目——銷貨收入，是確定還是不確定的數值？

答案是，不確定的！

因為大部分上市櫃公司都不是現金交易，即使這個月有1,000萬營收，但可能因為品質問題，沒多久就被客戶要求退貨或要求折讓，進而更改了損益表中的銷貨收入金額。而且實務上，多數公司都採用應計基礎，很少有公司採用現金基礎。

> **NOTE**
>
> - **應計基礎：**產品交付給客戶後，不管有沒有收到貨款，這筆交易就記錄下來。交易發生後，應該記錄下來就記下來，叫做應計基礎。
> - **現金基礎：**只在現金交付後，才將一筆交易列入銷售收入，叫做現金基礎。

　　因此，損益表上銷貨收入的金額，不是100%確定的，而是預估的概念（見圖2-4-1）。

淨利不等於現金

　　很多朋友看損益表通常只看「淨利」，認為公司很賺錢，每到年底就常在洗手間或吸菸區聽到有同仁說：「公司今年這麼賺錢，為什麼不多發點獎金或加薪？」

　　真正的原因是，除了景氣起伏不定，公司為了將來著想，會預留一些獲利以備不時之需外，最主要的誤解，是因為這些朋友都以為淨利＝現金。

　　其實，淨利不等於現金。

圖2-4-1 損益表並非100%確定的資料

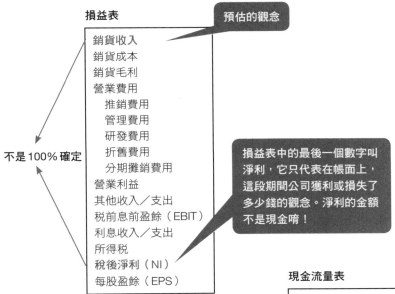

損益表

> 預估的觀念

銷貨收入
銷貨成本
銷貨毛利
營業費用
　推銷費用
　管理費用
　研發費用
　折舊費用
　分期攤銷費用
營業利益
其他收入／支出
稅前息前盈餘（EBIT）
利息收入／支出
所得稅
稅後淨利（NI）
每股盈餘（EPS）

不是100%確定

> 損益表中的最後一個數字叫淨利，它只代表在帳面上，這段期間公司獲利或損失了多少錢的觀念。淨利的金額不是現金唷！

現金流量表

營業活動的現金流量
投資活動的現金流量
融資活動的現金流量

資產負債表

現金與約當現金	應付帳款
應收帳款	一年到期之長期負債
存貨	長期負債
預付費用	其他長期負債
其他流動資產	
機械廠房設備	普通股股本
土地	保留盈餘
商譽	資本公積
無形資產	

損益表中的最後一個數字叫淨利，它只代表**在帳面上**，這段期間公司獲利或損失了多少錢的觀念。淨利的金額，並不是現金的金額！

因此，即使**一家公司損益表上顯示很賺錢，並不等於公司手上有很多錢**。損益表只是一個預估的概念，所以才有所謂的「黑字倒閉」事件：損益表上有獲利，但公司卻倒閉了，因為**淨利≠現金**。

而且，大多數公司的銷貨收入並不是收現金。所以看見損益表上公司收入大增、淨利高，不代表手上有很多現金可以發獎金，更何況部分公司的損益表還有可能做假呢！

做假帳的第一招：在損益表上下其手

我們來看一下真實的做假帳故事（為讓讀者容易瞭解，個案中的數字與細節已被簡化）。

WM（Waste Management）是美國一家垃圾處理公司，新的執行長接手後，第一年銷貨收入比前五年公司的平均值多了500萬，但由於費用也增加了500萬，所以第一年該執行長的表現平平，因為淨利依舊是1,000萬。

在國外，執行長任期通常不長，因為都是績效導向！第

一年表現不佳，第二年通常就會被換下台了。這位表現不佳的執行長很緊張，到處想辦法，結果財務長向他投誠，出了一個點子：

財務長：老闆，我帶您去看一樣東西！垃圾車！

執行長：這有什麼好看的！我們公司有很多這種垃圾車啊！

財務長：老闆，這輛垃圾車，不一樣！

執行長：哪裡不一樣？還是垃圾車啊！

財務長：老闆，這輛垃圾車，不一樣的地方是它已經五年了，而且狀況很好！

執行長：車子能用五年很正常啊，有什麼特別好說的！

財務長：老闆，是這樣的，因為公司有1,000輛這種垃圾車，每輛造價10萬美金，1000輛共值1億美元。依法規與相關費用處理準則規定，這種車輛的折舊年限可以採用3～10年，前一任的執行長採用了三年折舊加速折舊法，一年折舊費用3,333萬元。現在這輛五年的車，車況不錯，我們可以改變折舊方式，這樣獲利就能成長很多！

執行長：這樣合法嗎？

財務長：可以的，只要在折舊費用項目旁邊註解一下就
可以。例如「註#1：本公司因為採用某某公
司先進設備維修系統，原垃圾車使用壽命，由
3年延長為5年。」

所以財經界才會流傳一個笑話：財務報表中，字愈小愈
重要！小於6號字的部份，超重要！這指的就是每個科目旁
小小字型的註解文字。

折舊費用原本是使用三年，每年折舊3,333萬元（1億
÷3年＝3,333萬元），變成可以使用5年，每年折舊改為
2,000萬（1億÷5年＝2,000萬元），省了1,333萬元。

就這樣，即使第二年公司營運沒多大起色，只靠在折舊
費用動手腳，淨利就增加了1,333萬，相當於133%的增長。

第三年，他們一不作二不休，直接改成十年，一年只要
折舊1,000萬元，公司獲利又增加了1,000萬元，相當於43%
的增長。整個過程詳見圖2-4-1。

最後他們東窗事發，被判刑了幾個月！理由是惡意誤導
投資大眾，加上沒有符合**一致性原則**——會計制度要有一致
性，不能變來變去，否則每次會計制度變更，財務報表就會

| 圖2-4-1 | WM公司損益表 |

	過去5年平均	新執行長第1年	新執行長第2年	新執行長第3年
銷貨收入	$15,000	$15,500	$15,500	$15,500
銷貨成本	(5,900)	(5,900)	(5,900)	(5,900)
銷貨毛利	$9,100	$9,600	$9,600	$9,600
營業費用	(8,100)	(8,600)	(7,267)	(6,267)
行銷費用	(1,100)	(1,600)	(1,600)	(1,600)
管理費用	(1,000)	(1,000)	(1,000)	(1,000)
研發費用	(1,400)	(1,400)	(1,400)	(1,400)
折舊費用	(4,000)	(4,000)	(2,667)	(1,667)
分期攤銷	(600)	(600)	(600)	(600)
營業利益	$1,000	$1,000	$2,333	$3,333
利息	$0	$0	$0	$0
稅	$0	$0	$0	$0
淨利	$1,000	$1,000	$2,333	$3,333

※為教學方便，以觀念正確為主。
實際折舊費用需先扣除前期已分攤金額，
就其餘額再依新的可用年限進行折舊。

 1333萬

 1000萬

受到惡意操控，被有心人士故意扭曲美化。

從這個被簡化的案例，便能說明「損益表」是一個預估的概念！

它不是一張100%確定的報表，如果您在看財務報表時，只看這張報表，那就非常危險了！

很可惜的是，國內的朋友通常只看這一張報表！而且還只看營收大不大（只有絕對值的觀念，您還記得380億、500億與1,000億的倒閉故事嗎？）、獲利高不高，卻鮮有人知道淨利是推估的觀念，淨利不等同現金。

所以，從今天起，請您看財務報表時，一定要財務報表三張一起看，才不會被誤導。因為損益表是一張推估的報表，它不是100%確定的唷！

為何華倫・巴菲特一次要看五年財務報表？

前面提到，損益表是讓您知道公司在一段期間內有沒有賺錢，判斷它到底是損失還是收益的報表，所以叫損益表。這張報表也是一張能讓您看到一家公司有沒有**賺錢能力**的報表，所以它的核心在於「**長期穩定獲利能力**」。

既然要長期穩定，一定要看一段時間，這段時間最好是五年。

為什麼是五年？因為景氣起起伏伏，通常五年是一個循環。長期觀察一家的損益表時，才可以看出問題與機會。

　　一家公司的毛利穩定下跌是合理的，因為客戶會一直要求降價，毛利就會穩定下跌。就像是我們買手機，手機會越來越便宜，毛利被市場與競爭壓縮。所以，毛利慢慢下跌屬於正常的商業狀況。

　　如果發現五年內毛利緩步上升，這表示公司有持續在做產品的研發與升級。新產品會創造新的市場，或是帶動新的需求，每推出新產品，就會帶動毛利往上升一點，這也是合理的。

　　若是這五年期間，毛利由原本的10%，突然連續兩年增為70%，請問這可能是因為接到大客戶的訂單嗎？不可能！因為大客戶多半是奧客，而且量大就一定會要求您降價，大客戶不可能讓您賺到這麼高的毛利！當一家公司的毛利，由原本10%突然拉高到70%，多半是因為公司轉型到別的領域。例如，原本是賣3C產品，近幾年改賣生技產品。只有轉型了，才比較可能有超乎原本行業的高毛利產生。

　　同理，五年期間，毛利由原本的60%，突然連續兩年毛利減為20%。除了代表公司內部產品研發出問題，或是重要團隊異動之外，還有一種可能：原本行業的競爭雷達圖中，出現了未知的新競爭者，把市場打爛了。例如，計程車行業出現了uBer；導航硬體的Garmin、TomTom起初具備高毛

利，但在原本不相關的Google開放了免費的導航與圖資服務後，這些公司的毛利就出現急速下滑。

財報是企業經營的成績單，經營的優劣就像是人體的健康，不太可能一夕由好轉不好，或是由不好轉好。同理，財報也不可能出現青蛙變王子或王子變青蛙的戲碼，除非發生重大突發狀況。

所以，財務報表要看連續五年，才能推測出公司的真實狀況。這也是為何股神巴菲特看財務報表時，一次要看五年的原因之一。

決策幫手：損益兩平點

　　損益表不只能讓您看出一家公司在一段期間的盈虧，它還有其他用法。其中之一，是用來計算出損益兩平點，提供經理人在做決策前的速算利潤，或做為快速決策時的參考。

不賺不賠的平衡點：損益兩平點

　　為了推導出損益兩平點，第一個步驟要先學會分類：將成本與費用，分成固定和變動兩類。

◎固定類（成本或費用）

　　指的是不管產品賣出多少個，這些成本或費用不會隨著銷量增加而增加，它都是固定的。例如，房租費用，或是總部的後勤人員薪資與水電等費用。

◎變動類（成本或費用）

指的是隨著銷量的增加或減少，這些成本或費用也會跟著增加或減少。例如，直接材料費用、直接人工費用、產品的進貨成本……等等。

有了固定與變動的觀念後，我們來看看這個例子。假設有一家公司的損益表如圖2-5-1：

圖2-5-1　某公司損益表

銷貨收入	$120,000
銷貨成本	$59,000
銷貨毛利	$61,000
營業費用	$51,000
行銷費用	$11,000
管理費用	$15,000
研發費用	$15,000
折舊費用	$4,000
分期攤銷	$6,000
營業利益	$10,000
利息收入／支出	0
所得稅	0
稅後淨利	$10,000

圖2-5-2　成本與費用的細項

細項分類		固定類	變動類
銷貨成本	直接人工 直接物料 製造費用	製造費用 $35,000	直接人工 直接物料 $2／單位
營業費用	行銷費用 管理費用 研發費用 折舊費用 分期攤銷	$15,000	$3／單位

※ 假設賣價為 $10／個，共賣出 1.2 萬個

我們可以得知銷貨成本總共 59,000 元，其中銷貨成本又有細項的科目（圖 2-5-2），包括直接物料／直接人工／製造費用。這三個科目，就是一般工廠同仁口中成本的「料、工、費」等說法。

假設這家公司本月總共賣出了 1.2 萬個產品，每個產品平均賣價 10 元，所以總營收是 12 萬元。

接下來，我們要將成本與費用，分成固定與變動兩個類別。

假設銷貨成本 59,000 元，可以分成固定成本 35,000 元、變動成本 24,000 元。

其中，變動成本 24,000 元的算法是：賣出 1.2 萬個，乘上每一單位的變動成本 2 元。

12,000 個 ×2 元＝ 24,000 元

所以，固定成本＋變動成本＝銷貨成本，也就是 59,000 元。

35,000 元＋ 24,000 元＝ 59,000 元

接下來看費用部分。營業費用是 51,000 元，包括銷、管、研、折舊與分期攤銷等五種常見的費用。假設您可以

清楚地分類，抓出固定費用是15,000元，變動費用是36,000元。

其中，變動費用36,000元是賣出1.2萬個產品所產生的費用，所以兩者相除就是每一個產品的變動費用。

$$\frac{36,000\,元}{12,000\,個} = 3\,元 / 單位$$

將原始成本與費用分成變動與固定兩大類之後，接著就來做分析。

所謂「損益兩平點」，就是**不賺不賠的平衡點！**它代表的是**數量的觀念。**

然後，我們需要一些簡單的參數定義：產品價格（Price）簡稱為P，銷售數量（Quantity）簡稱為Q，總收入（Total Revenue）簡稱為TR，總成本（Total Cost）簡稱為TC。

「不賺不賠的平衡點」換句話說，等同「總收入＝總成本」，這就是損益兩平點。

我們以圖2-5-1這家公司來做個示範。

◎總收入（TR）

TR ＝ P（價格）×Q（數量）=10×Q

◎總成本（TC）

由表上得知，固定類的成本與費用是 35,000 ＋ 15,000 ＝ 50,000，變動類的成本與費用是 2 ＋ 3 ＝ 5（每單位），所以套入公式裡，就是：

TC ＝固定類＋變動類＝（35,000 ＋ 15,000）＋（2 ＋ 3）×Q ＝ 50,000 ＋ 5×Q

◎損益兩平點

讓總收入＝總成本，即為不賺不賠的平衡點。套入公式裡，就是：

10×Q ＝ 50,000 ＋ 5×Q，推導出 Q ＝ 10,000（個）。

換句話說，賣出一萬個才不賺不賠，這叫損益兩平點。如果這家公司要賺 5,000 萬，就設定 TR －TC ＝ 5,000 萬。

　　這樣的概念可以怎樣運用呢？實際請教您幾個問題，您就能瞭解了。

如果公司如果一個東西都賣不出去，每個月會虧多少？

答案是，固定類的成本與費用：5萬元。

每賣一個產品賺多少錢？

算法是，售價－變動成本－變動費用，也就是10－2－3＝5，所以每賣一個產品賺5元。這個5元，就叫**單位邊際貢獻**。

如果這個月公司總共賣出12,000個，賺多少錢？

由於賣1萬個不賺不賠，現在賣出1.2萬個，代表多賣出2,000個，每賣一個賺5元，所以共賺2,000×5＝10,000，也就是獲利10,000元。

如果這個月公司總共只賣出7,000個，賠多少錢？

由於要賣出1萬個才不賺不賠，現在只賣出7,000個，有3,000個缺額，每個少賺5元，故公司這個月會虧3,000×5＝15,000，也就是賠15,000元。詳細的推導過程如下：

獲利＝總收入－總成本－總費用＝（7,000×10）－（35,000＋7,000×2）－（15,000＋7,000×3）＝－15,000

損益兩平點試算

用一樣的概念，我們來開一家餐廳看看。假設這家餐廳的背景資料如下：

每月營業額75萬，所以一年的營業額是900萬。餐廳佔地30坪，有24個位子。假設餐廳毛利約30%，銷貨成本一年630萬元（900萬×0.7）；人事費用佔20%，一年180萬；租金佔10%，一年約90萬；折舊與分期攤銷費用一年約40萬，其他費用是14萬。

這樣，全年是賺是賠？

加加減減後，發現成本大於營業額，所以是賠錢。那要怎樣賺錢呢？這時我們就可以用損益兩平點來進行快速分析。

使用損益兩平點時，首先記得要先分類。上述資料分類之後，如圖2-5-3。

我們用同樣的TR＝TC公式，重新推導它的損益兩平點。多次移項之後，可得出以下算式：

- 第一步：TR＝P（價格）×Q（數量）

＝固定成本＋變動成本＝TC

圖2-5-3 | **某餐廳的成本分析**

單位：新台幣萬元

		固定成本	變動成本
銷貨成本	材料費	0	630
營業費用	人事費用	70（正職）	110（工讀生）
	店面租金	90	0
	折舊及分期攤銷費用	40	0
	其他費用	0	14
總計		200	754

- 第二步：$P \times Q -$ 變動成本 $=$ 固定成本

- 第三步：$P \times Q \left(1 - \dfrac{變動成本}{P \times Q} \right) =$ 固定成本

- 第四步：損益兩平的業績 $= \dfrac{固定成本}{\left(1 - \dfrac{變動成本}{P \times Q} \right)}$

接著帶入數字，以固定成本200萬、變動成本754萬、原先一年的營業額900萬套入 $P \times Q$，可得出損益兩平點的一年營業額，等於1,232.9萬。

一年有十二個月，代表每月的業績目標應設在102.7萬

（1,232.9萬÷12個月）。

如果客單價是300元，每個月營業25天，等於一個月要賣3,423.3份（102.7萬÷300元），每個營業日要賣136.9份（3,423.3份÷25天）才達到損益兩平。

這家店只有24個位置，代表每天、每個座位要有5.7位點餐的客人（136.9份÷24個位置），才能達到最基本的不賺不賠、損益兩平點。

有了這個數字，您在管理店務時，就可以直接和工讀生說：只要每個位子一天來客量超過8位，大家就可以分獎金！

簡單講，這就是用數字來管理自己的店面，讓店內的夥伴瞭解到，原來一個位子一天要有5.7位客人光顧才能打平！所以大家要一起多想想行銷手法，吸引更多客人到店內消費。

您看，有了數字能力，世界是不是變得有趣多了！

PART

3

資產負債表

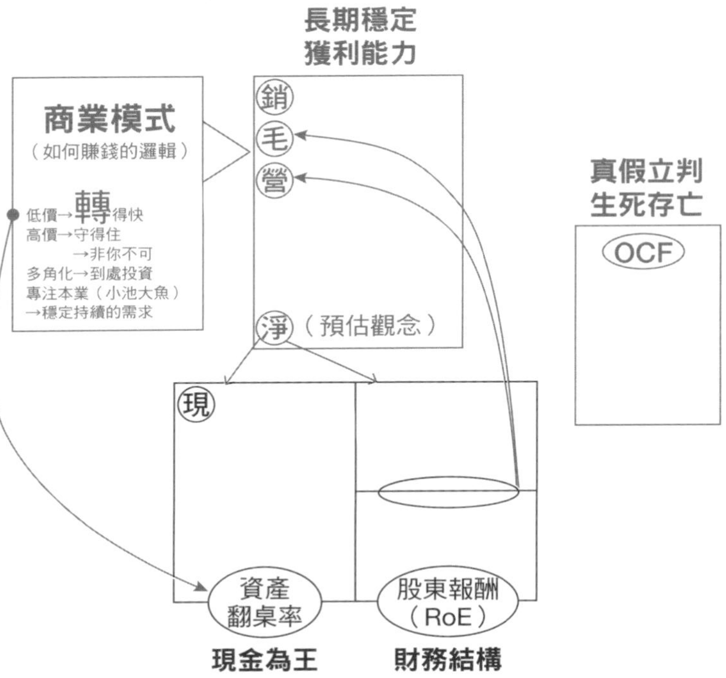

長期穩定
獲利能力

真假立判
生死存亡

商業模式
（如何賺錢的邏輯）

銷
毛
營

OCF

轉得快
低價→轉得快
高價→守得住
　　　→非你不可
多角化→到處投資
專注本業（小池大魚）
→穩定持續的需求

淨（預估觀念）

現

資產
翻桌率

股東報酬
（RoE）

現金為王　　　財務結構

資產負債表的基本概念

資產負債表（Balance Sheet）這張報表，主要在說明一家公司在經營事業時，擁有多少資產、積欠供應商與銀行多少負債，以及向股東拿了多少錢來經營事業。

它的英文直譯為「平衡的報表」，也是一般熟知的「會計恆等式」觀念，中翻中叫做「左邊等於右邊」：

資產（Asset）＝負債（Debt）＋股東權益（Equity），
簡寫為 A ＝ D ＋ E（如圖 3-1-1）

不過，以上是傳統學校老師的教法，其實有更容易理解資產負債表的方式。

想像一下，如果您存到第一桶金，您可能有很多事情想做，我們可以套用財務報表的思維，由損益表推估出資產負債表。

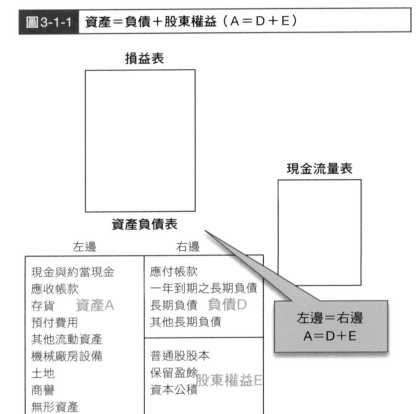

圖3-1-1　資產＝負債＋股東權益（A＝D＋E）

損益表

資產負債表

左邊	右邊
現金與約當現金	應付帳款
應收帳款	一年到期之長期負債
存貨　資產A	長期負債　負債D
預付費用	其他長期負債
其他流動資產	
機械廠房設備	普通股股本
土地	保留盈餘
商譽	資本公積
無形資產	股東權益E

現金流量表

左邊＝右邊
A＝D＋E

您個人存了第一桶金，相當於公司損益表上賺的第一桶金。

有錢之後，兵分兩路。**錢往左邊走，叫資產投資**，專業

術語叫投資策略、資產配置、資本支出……等；**錢往右邊走，叫處理債務**，專業術語叫融資策略、財務結構、財務槓桿……等。

所以由個人的角度思考，就可以推導出資產與負債的觀念。我們依此來試著用常識來中翻中，將個人有錢之後想做的事情分類。先從左邊的資產投資項目開始：

a. 您應該會考慮要留點現金在手上，中翻中叫做**現金或約當現金**。

b. 也許會借錢給好朋友？翻譯後就是**應收帳款**。

c. 有些人會考慮買車、換車吧？因為車子是會移動的資產，中翻中就是**流動資產**。

d. 您會不會跟會？投資股票或基金？因為這種常會「套牢」，所以翻成中文是**長期投資**。

e. 您會不會買地、買房？這翻成中文是**固定資產**。

f. 此外，您會不會繼續進修、出國讀書？翻成中文是**無形資產**。

接著，我們來看右邊的處理債務項目：

g. 欠錢總是要還，中翻中叫做**應付帳款**。

h. 如果是像車貸、房貸這種債務，翻成中文是**長期貸款／長期負債**

您看，個人有錢之後做的事情，也是有兵分兩路的規劃呢！所以，這些一般人都會做的事情，其實可以套用在公司的資產負債表科目上（如圖3-1-2）。只要從常識去推導，經過中翻中之後，您就能立刻瞭解資產與負債的概念。

公司的資產負債表

公司跟您一樣，有錢之後也會兵分兩路，處理資產與負債項目。

公司賺錢的金額，在損益表上是以淨利（NI）這個科目呈現。不過要再次提醒大家，淨利是推估的觀念，並不是真正的現金，但為了讓讀者瞭解資產負債表的來由，所以用上述的常識教學法，讓您能快速進入財務報表的殿堂。

我們同樣以中翻中的概念，將公司使用第一桶金（淨利）的行為分類（如圖3-1-3）。

圖3-1-2 個人資產負債表VS. 公司資產負債表

公司的損益表

銷貨收入
銷貨成本
銷貨毛利
營業費用
推銷費用
管理費用
研發費用
折舊費用
分期攤銷費用
營業利益
其他收入／支出
稅前息前盈餘（EBIT）
利息支出
所得稅
稅後淨利（NI）
每股盈餘（EPS）

個人的損益表

薪水
費用支出
食
衣
住
行
育
樂
其他收入／支出
利息支出
所得稅
（賺）存下來的錢

兵分兩路

兵分兩路

個人資產負債表

左邊（資產）	右邊（負債）
a 留點現金在手上	g 把欠人的錢還一還
b 借錢給好友	h 還車貸
	i 還房貸
c 換／買車（2輪變4輪）	
d 跟會／股票／基金投資	
e 買房／買地	
f 出國讀書（投資自己）	

公司資產負債表

左邊（資產）	右邊（負債）
A 現金與約當現金	G 應付帳款
B 應收帳款	H 一年到期之長期負債
存貨	I 長期負債
預付費用	其他長期負債
C 其他流動資產	
機械廠房設備	普通股股本
E 土地	保留盈餘
商譽	資本公積
F 無形資產	

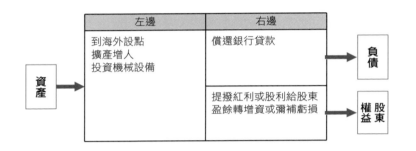

圖3-1-3　公司淨利分類

這些動作也是兵分兩路，往左是處理資產項目（專業術語叫資產配置、資本支出、投資策略），往右是處理負債與股東相關事宜。這就是資產、負債與股東權益的觀念，將三張財務報表擺在一起思考的立體觀，請見圖3-1-4。

流量與存量的觀念

如果您去刷存摺本，刷出來的金額叫做「當天餘額」，這就是資產負債表的概念。報表的左邊是資產，右邊是負債，一邊一半的樣子，是不是也很像存摺？把兩者聯想在一起，就能輕鬆記住資產負債表是「當天餘額」的概念。換句話說，資產負債表是存量、定量的觀念（當天餘額），而不

圖 3-1-4　公司淨利分配的財報立體觀

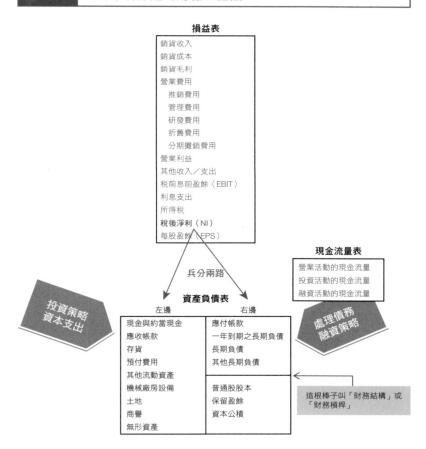

像損益表是流量（一段時間）的觀念。

　　舉例來說，損益表的月報是指：某個月的第一天到到當

月的最後一天（如1/1～1/31），這段期間公司是賺錢還是虧錢，是一種流量的觀念。

而資產負債表的月報是指：某個月最後一天（如1/31）的結存數字，代表公司在這一天有多少資產，有多少負債與股東權益，這是存量、定量、當天餘額的觀念。

季報、半年報和年報也都是相同的道理，以此類推。

講到這裡，我們要記住兩個重要概念：

1. 資產負債表就是當天餘額的概念，是定量的概念。
2. 不管是個人還是公司，有錢之後就會兵分兩路，丟到左邊是處理資產，丟到右邊是處理負債與股東權益。左邊等於右邊，所以叫會計恆等式（A＝D＋E）。這就是資產負債表的核心概念。

資產的流動性

在財務報表的世界中，只有二大門派：美國和英國。兩者其實大同小異，最大的差異是在資產負債表的左邊（資產類）的排法不一樣。

美國派會將容易變成現金的資產擺前面，越難變現的

資產放越後面，這就是所謂的**流動性（Liquidity）**擺法。例如，現金一定排在最前面，而無形資產因為很難變現，所以擺在資產科目的最下面。

英國派則與美國派上下顛倒，越難變現的放在第一個科目，香港、印度、澳洲（以上三者皆與英國有歷史淵源）、英國本土皆採用英國派的擺法。

本書以美國派的財報看法為主，因為它能通用於世界80%以上的國家。倘若您看的是港股的上市櫃公司財務報表，只要將資產類上下顛倒，就會符合我們本書提到的觀念。

有了流動性觀念後，就能理解資產負債表上的科目並不是隨便亂擺，而是按照所謂的「流動性擺法」。在財務領域中，越容易變成現金的項目，它的流動性越高，要擺在越上面，所以第一個項目就是**現金與約當現金**。第二個是**應收帳款**，第三個是**存貨**，接著是其他流動資產、機械廠房設備、土地、商譽、無形資產……等，這些項目的流動性依次遞減，越來越低。

換句話說，在資產負債表的左方，就是短期資產放在前面，長期資產放在後面；或是有形資產放前面，無形資產放在最後面。無論您想對資產類型的科目如何分類，凡是根據美國學派的擺法，基本上都是以流動性進行排列。

　　而在資產負債表中，根據流動性排列之所以重要，就是因為「**流動性越高的科目，折價率越低；流動性越低，則折價率越高**」。舉例來說，公司在銀行存了1,000萬現金，提款時了不起扣100元手續費；但如果是1,000萬的應收帳款，今天想要催收，可能只收得回800萬；如果是1,000萬的存貨被迫要今天變現，賣價可能就只剩下600萬（如圖3-1-5）。

　　趕緊去看看這些科目的順序，是不是真的流動性越高，就放得越上面？下一章我們會針對一些特殊的科目，做進一步的解釋與分析。

圖3-1-5　流動性擺法與折價率

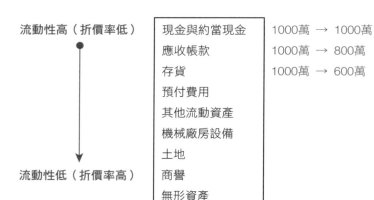

流動性高（折價率低）	現金與約當現金	1000萬 → 1000萬
	應收帳款	1000萬 → 800萬
	存貨	1000萬 → 600萬
	預付費用	
	其他流動資產	
	機械廠房設備	
	土地	
流動性低（折價率高）	商譽	
	無形資產	

3-2 資產負債表的特殊科目說明

現金（Cash）與約當現金（Cash Equivalents）

約當現金也叫做「現金等價物」，它的定義嚴格來說，是指短期且具高度流動性之短期投資；因為變現容易且交易成本低，因此可視為現金。**約當現金**擁有一些特性，如隨時可轉換為定額現金、即將到期、利率變動對其價值影響小。所以，投資日起三個月到期或清償之國庫券、商業本票、貨幣市場基金、可轉讓定期存單、銀行承兌匯票……等，皆可視為約當現金。

用白話來說，就是任何金融資產如果能在90天之內變成現金，對公司來說，它就是一種很像現金的資產，叫做「約當現金」。一般而言，公司需要持續經營，如果沒有特殊狀況，持續經營個5、10年都很正常，所以90天對公司經

營或企業生命來說，是一個非常短的期間。所以在財務界中，任何一種在90天內到期的金融資產，對企業而言就像一、兩天而已，視為現金的一種，因此叫它「約當現金」。

例如，如果您有張定存單88天後到期，對公司來說就像是一種現金；公司有一張國庫券，70天後就會到期，對公司來說也是現金的一種。以上都叫做「約當現金」。

另外，在財會世界中，對時間的定義也有點不同。例如一年以內，在財務界算是短期，一年以上就叫長期；一年內到期的市場叫貨幣市場，一年以上才到期的市場叫資本市場，餘此類推。

存貨（Inventory）多是好事或壞事？

資產負債表的左邊，有「存貨」這個科目。請問大家，一家公司存貨多，是好事或壞事？

很多人認為存貨太多不好。當然，如果是以科技產品（例如手機）為營銷主力的公司，存貨太多就非常不好！因為手機每三個月算一個世代，存貨沒有即時賣出，三個月之後就不值錢了。食品公司的存貨太多也不好，因為吃的東西有到期日，存貨太多或是放太久就無法食用，需要進行打

消。這類有保鮮期、生命週期短、或是有明顯改朝換代特性的產品，存貨越多當然越不好。

　　但如果我們討論的是一家金礦公司，它的存貨是金礦砂；鑽石公司的存貨是裸鑽，石油公司的存貨是原油。這時，您覺得存貨多好不好？一般情況當然是好的。

　　所以，存貨多是好是壞？答案是，不一定，要看行業而定！所以請大家要認識這個重要的概念，不要一看到存貨，就認為是不好的。

有形資產的折舊費用（Depreciation）

　　之前在討論損益表有關折舊費用的相關問題時，我們知道**有形資產的貶值幅度**叫做折舊。例如，為了讓公司業務順利營運，您需要有一輛車，讓公司同仁可以送貨或定期拜訪客戶用，於是您花了100萬元，買了輛新車（叫有形資產）。假設車子可以使用10年，這輛車一年平均折價10萬元，這10萬元就叫折舊費用（有形資產的貶值幅度）。也就是說，車子使用一年後，帳面價值只剩下90萬元。

　　所以看您公司的資產負債表，第一年會出現一個叫「車子」的資產（有形資產100萬元）。經過一年後，因為車輛

每年貶值10萬元,所以第二年的資產負債表中,車子的價值是90萬元。這消失的10萬元(車輛的貶值幅度),跑去那兒了呢?

大家要記得,財務會計的世界中,也有所謂的「**物質不滅定律**」:某一張報表少的東西,一定會在同一張或另一張報表出現。否則,財務報表會憑空消失了10萬元,造成報表不平衡,或是無法忠實記錄公司的營運實況。

這輛車是作為公司營運用的資產,每一年的貶值幅度10萬元(有形資產的貶值幅度,叫折舊費用),就像我們個人的食衣住行育樂費用。以此類推,對公司而言,這是經營企業的相關費用支出,所以資產負債表中消失的10萬元,會跑到損益表的銷/管/研/折/分期攤銷費用中的「折舊費用」(10萬元)。

這是損益表與資產負債表兩張表互相連動的一小部份(如圖3-2-1),也因此我們在本書一開始,即談到一個重要觀念:財務報表要擺在一起看,才能看出企業經營的全貌,真正發揮它們的意義。

但有形資產的折舊,有一個特例:土地。在所有資產科目中,土地是一種非常特別的有形資產,因為**土地不像其他資產有使用年限的問題**,沒有貶值幅度,自然沒有折舊費用。

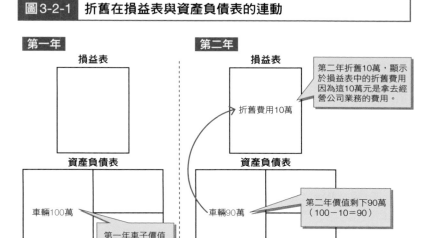

圖3-2-1 折舊在損益表與資產負債表的連動

第一年

損益表

第二年

損益表

折舊費用10萬

第二年折舊10萬，顯示於損益表中的折舊費用因為這10萬元是拿去經營公司業務的費用。

資產負債表

資產負債表

車輛100萬

車輛90萬

第一年車子價值100萬

第二年價值剩下90萬（100－10＝90）

短期與長期的區別

在財務領域中，小於等於一年就叫做短期，因此，「一年內到期的長期負債」乍看之下是長期債務，但因為到期期限少於一年，所以就將它歸類於短期的負債類。例如，五年期銀行貸款（負債），再九個月就要到期了（一年內即將到期），算是「一年內到期的五年期銀行貸款」，因此會被移到流動負債或是短期負債的科目中。

任何長期負債，只要是一年內即將到期的負債，都要歸

類於短期負債。所以，現在您知道在財務領域中，什麼叫長期，甚麼叫短期，怎麼分了吧？就用**一年**來區分。

商譽（Goodwill）

什麼是商譽？它在財務會計世界的定義，可能跟您所想的大大不同。

商譽是品牌價值嗎？不是，因為品牌價值會波動。它也不是市占率或市場口碑。

商譽的中翻中，其實叫做「豬頭」（pig head），為什麼呢？我們舉個例子說明。

甲公司有資產1,000億、負債400億、股東權益600億，我是甲公司的首席談判代表，準備購併乙公司。您是乙公司的老闆，公司總資產100億、負債85億、股東權益15億，在市場經營多年，但業績一直沒有起色，加上這二年景氣不好，陷入了財務危機。

此時，在朋友的介紹下，我（甲公司）有意併購您（乙公司）。談到併購（M&A），您就需要瞭解自己的乙公司值多少錢。**請問您覺得您的乙公司值多少錢？**

如何看一家公司值多少錢呢？其實很簡單，您值多少錢

＝您有的－您欠人的。

　　所以，乙公司值：100億（資產）－85億（負債）＝15億。

　　這15億就叫做公司淨值，也就是全部的股東權益，所以您的乙公司的身價是15億（淨值），如圖3-2-2表示。

　　我們常在外面聽到的「淨值」，指的就是股東權益（E）＝**您有的－您欠人的**。所以，個股的觀念（每股淨值）會出現在股東權益這個大區塊。

　　還記得前面提到的「每股獲利」或「每股盈餘」（EPS）嗎？因為EPS是指公司為股東出資的每一股賺了多少錢，而賺或虧是指損益表的內容，所以每股獲利或每股盈餘，會出現在損益表那張報表。

圖3-2-2　**甲、乙公司的資產與負債**

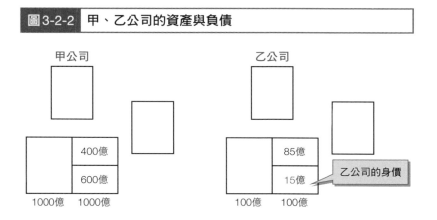

甲公司　　　　　　　　　　　乙公司

400億		85億
600億		15億 → 乙公司的身價
1000億　1000億		100億　100億

　　回到我們舉的例子上，假設整個市場只有甲公司願意收購乙公司，雙方經過多次的談判與協商，甲乙雙方達成共識：由甲公司出資20億元現金，100%全額購併乙公司。

　　這個交易中，雙方的財務報表會出現什麼變化？

　　還記得流動性擺法嗎？甲公司的資產科目，依照流動性擺法，依序是現金與約當現金、應收帳款、存貨、長期投資、無形資產。所謂「由甲公司出資20億元現金，100%全額購併乙公司」，用會計科目來呈現，就會變成（如圖3-2-3）：

1. 以現金購併，因此甲公司的現金與約當現金，會減少20億元。

2. 甲公司把乙公司整個吃下來，所以財務報表會併入甲公司，成為金額15億的「長期投資」，因為乙公司真正只值15億元。

3. 依照財務世界的法則，資產負債表應該要「左邊＝右邊」，但做完上面兩個動作後，左邊不等於右邊。

4. 所以才要在左邊加上一個叫「商譽」的科目，金額5億，這樣左邊才會等於右邊。

　　所以，「商譽」5億的白話文，就是買貴了5億。買

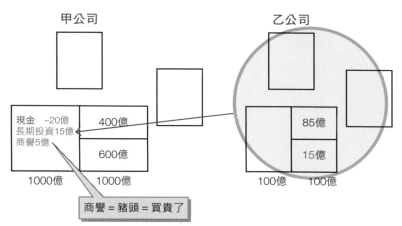

圖 3-2-3　商譽的涵義

甲公司

乙公司

現金　－20億
長期投資15億
商譽5億

400億

600億

1000億　　1000億

85億

15億

100億　　100億

商譽＝豬頭＝買貴了

貴了，不就是豬頭嗎？因此「商譽」、「買貴了」和「豬頭」，其實代表同樣的意思（如圖3-2-3）。

　　在財務領域，商譽的真正定義為：收購價－淨資產＝商譽。以本例來說，20億現金（甲公司收購價），扣掉15億淨值（乙公司淨資產），所以商譽（買貴了）價值5億。

　　大家可以用常識判斷，一家公司的財務報表中，資產負債表有很大的商譽，是好是壞？

　　當然不好！資產負債表中有很多的商譽，等同它是超級大豬頭，代表購併別家公司時，買貴了很多、很多！在2012年3月7日的報導，就有一個真實故事可供大家參考。

當時是松下（Panasonic）併購三洋（Sanyo），收購價為6,600億日元，但三洋的的淨資產僅有1,420億日元，這樁併購案足足買貴了5,180億日元！

新任執行長上任後，將這個豬頭的無形資產商譽，認列了2,500億日元商譽的減損。

還記得前幾章節有折舊費用與分期攤銷費用的科目嗎？我們已經說明，有形資產的貶值幅度叫折舊費用（Depreciation），而像商譽這種無形資產的貶值幅度，則稱為分期攤銷費用（Amortization），如圖3-2-4所示。

圖3-2-4 無形資產的貶值

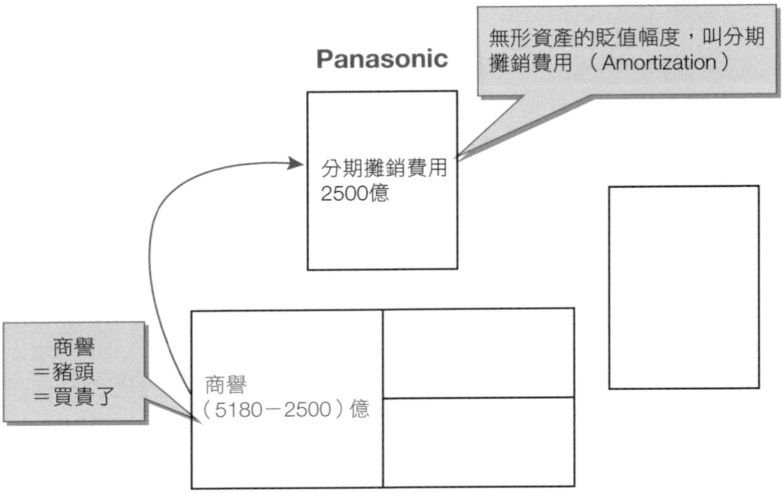

Panasonic

無形資產的貶值幅度，叫分期攤銷費用 （Amortization）

分期攤銷費用
2500億

商譽
＝豬頭
＝買貴了

商譽
（5180－2500）億

所以，如果一家公司沒有對外購併時，通常不會有「商譽」這個會計科目。只有在併購且買貴的時候，才會產生商譽，因此它的中翻中叫做**「豬頭」**。

資本公積（Additional Paid In Capital）

既然有買貴了，當然也會有買便宜的時候，這種狀況叫做「資本公積」，中翻中就是**公司不勞而獲**的好處。

公司法規定，當發生以下五種狀況，要放在資本公積這個科目集中管理：股本溢價、資產重估價值、處分固定資產收益、企業合併所獲利益，以及受領捐贈所得……等。

在此我們挑幾個比較常見的項目說明。

◎股本溢價

以實例說明比較容易理解。譬如現在公司要透過現金增資，每股40元，但公司法規定，這40元要交待清楚，所以要分成二個項目，一個是面額，一個叫溢價。

因此，現金增資40元＝面額10元＋溢價30元。其中面額要加到普通股股本，代表股東依面額的出資部份；溢價屬於多收的錢，要加到「資本公積」這個科目集中管理。

　　假設公司今天只發行一股現金增資40元，所以跟股東收了現金40元，資產負債表的左邊現金部分要增加40元。因為左邊等於右邊，右邊也要加上40元。它當然不可能加到負債，那該加去哪裡呢？答案是，10元加在普通股股本，溢價部分加在資本公積部分，所以報表上的資本公積增加30元（如圖3-2-5），這樣左右就會相等了。

　　您明明可以用10元增資，卻漲到40元，等於不勞而獲

圖3-2-5 股本溢價的涵義

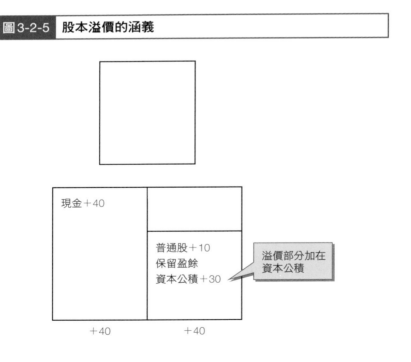

現金＋40

普通股＋10
保留盈餘
資本公積＋30

溢價部分加在
資本公積

　＋40　　　　　＋40

30元/股。所以「資本公積」的中翻中，就是公司**不勞而獲**的好處。

◎資產重估價值

原本有棟大樓當時購買的價格是10億，現在重新估算，增加為19億。大樓還是原本的大樓，沒有產生變化，只是價值多了9億，所以左邊固定資產的部分就要多9億。既然左邊要等於右邊，右邊可能加在負債的科目嗎？當然不行，所以9億就加在報表右邊股東權益中的資本公積。

這也就是說，公司因為大樓資產重估，不勞而獲9億元（如圖3-2-6）。

圖3-2-6 資產重估價值的涵義

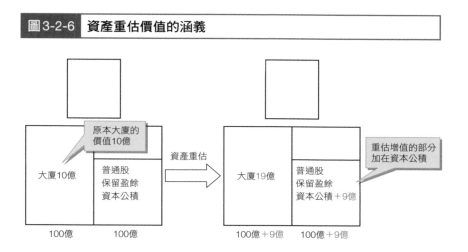

◎處分固定資產所得的收益

假設我們賣掉一塊當初取得成本2億的土地，得到現金6億。資產負債表的左邊要更動，土地部分要刪除（因為賣掉了），並增加現金6億。如今資產負債表的左邊共增加了4億，所以右邊也要加4億，放在股東權益的資本公積部分（不勞而獲4億），這樣左邊才會等於右邊（如圖3-2-7）。

圖3-2-7　處分固定資產收益的涵義

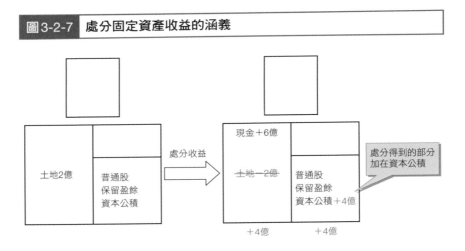

土地2億

普通股
保留盈餘
資本公積

處分收益

現金＋6億

土地－2億

普通股
保留盈餘
資本公積＋4億

處分得到的部分加在資本公積

＋4億　　＋4億

◎受領捐贈

假設某個善心人士，捐給公司1億元，左邊現金加了1億，右邊也同時需要加1億，因此也是加在資本公積。別人

捐給公司現金1億元，對公司來說，當然是不勞而獲的好處囉（如圖3-2-8）！

只要記住資產負債表要「左邊等於右邊」的概念，就可以輕鬆推導出各別科目的真實意義。另外，如果要知道公司值多少錢（身價），就是看股東權益這一區：您有的－您欠人的。

圖3-2-8 受領捐贈的涵義

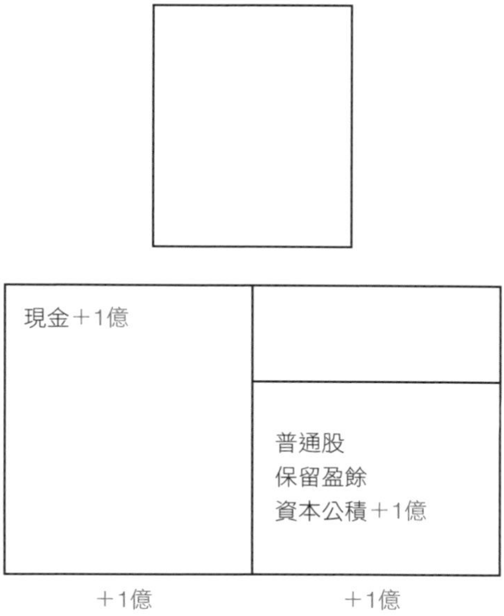

現金＋1億

普通股
保留盈餘
資本公積＋1億

＋1億　　　　　　＋1億

活用資產負債表：以長支長

　　有錢之後兵分兩路，丟在左邊叫做資產配置、資本支出，或叫投資策略；錢往右邊走，則是處理負債、處理財務結構，也叫做融資策略。

　　按照之前提到的流動性擺法邏輯，越容易變成現金的擺越上面，所以資產負債表的資產，由上到下是短期到長期、有形至無形的資產。負債也是一樣，可以分為短期到長期，所以依照期間從上擺到下；不過，股東都是長期投資，所以均是長期的。

　　如果您仔細推敲這張報表（如圖3-3-1），會發現資產負債表的左邊是「您真正擁有的資產」，右邊則是「您如何取得這些資產的找錢方式」，也就是說，您的錢是來自負債資本（外部資金）或是股東資本（自有資金）。

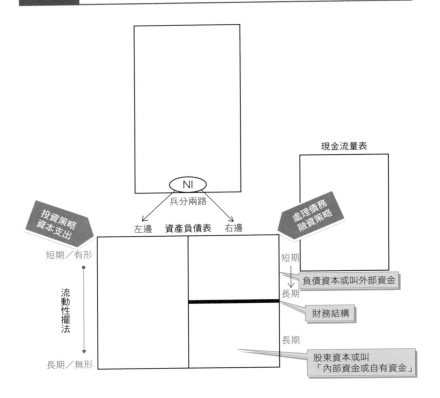

圖3-3-1　資產負債表的長短相對概念

現金流量表

NI

兵分兩路

投資策略
資本支出

處理債務
融資策略

左邊　　資產負債表　　右邊

短期／有形

短期

長期

負債資本或叫外部資金

流動性擺法

財務結構

長期

長期／無形

股東資本或叫
「內部資金或自有資金」

　　從圖表中，我們可以看出資產與負債短對短、長對長的相對位置。不過我要提醒大家，許多實證研究發現，中小型企業破產的原因，除了找不到客戶之外，居然有高達40%是因為**錯誤的財務觀念：以短支長**，也就是用短期的地下錢

莊借來的錢,去支付長期的機械設備廠房等投資。錢的來源是短期負債,但取得的是長期資產,這種錯誤作法叫做**「以短支長」**或**「短債長投」**,最終一定會造成企業破產。

個人的財務處理,也同樣不能以短支長。不知您是否記得,2004 年至 2006 年間,台灣曾發生現金卡與信用卡的雙卡風暴?民眾申請現金卡,用短期的負債去支付長期的生活所需,後來造成許多人自殺的社會悲劇。他們與大家一樣認真工作,認真生活,只是因為家中或工作上發生一些變故,沒有足夠的現金,採用了錯誤的財務知識「以短支長」(用短期資金來源,支應長期生活所需),就這樣讓生命有不同的變化,令人不勝唏噓。所以,我們個人也應該要學習如何**以長支長**。

在生活中運用「以長支長」

生活中有哪些事情能夠「以長支長」呢?首先要記住,千萬別等缺錢才想借錢!銀行都是晴天借傘、雨天收傘,您缺錢(雨天)的時候,銀行是不會借錢給您的。所以在您狀況良好(晴天)時就要先向銀行借錢,以備不時之需。

那什麼叫做「狀況良好」呢？買房子的時候就可以運用這個觀念。舉例來說，您看到一棟1,000萬的房子，但手上現金只有300萬，這時您應該跟銀行借多少錢？

答案是，**能借多少就借多少！**因為一般人買房時可以向銀行借八成，上市櫃公司主管或軍公教人員，則可以借到九成（因為有長期穩定的收入），就算您狀況不佳，因為有房子向銀行抵押，仍能借到約六成資金。所以，請您想盡辦法提高自己向銀行房屋貸款的成數。各類理財專家也是因此建議大家要有主力銀行的經營觀念，慎選1～2家銀行當成主要往來銀行，將您名下各類資產全部集中，透過日常往來的交易，與銀行建立較佳的合作關係，以備不時之需。

假設您現在可以向銀行借到九成，我們來盤點一下您的資金。您手上的現金是300萬＋900萬＝1200萬，而房子只需1000萬，所以還多200萬現金。

此時跟銀行詢問，有沒有一種副約的房貸產品。這種房貸還掉的主約本金，會變出一個循環額度，讓您循環20年，外商銀行、台新銀行、台北富邦……等銀行都有，但名稱都不同。注意是20年循環，不是一年、三年、五年或七年。當主約的本金還多少，您的副約循環額度就會增加多少。

　　圖3-3-2中，主約（A）本金減少的金額，會出現在副約（B）裡面，A與B的帳戶此消彼漲。例如，我們把多的200萬先還給銀行，這樣A剩下700萬本金未還；同一時間，因為您的主約（A）已還200萬本金，故副約（B）就會增加200萬的循環額度，可供您需要的時候馬上動用。

　　如果我們未來再多還100萬元，主約（A）剩下600萬，副約（B）的額度就會增加到300萬（200 ＋ 100）。副約額度沒有動用就不計利息，概念跟信用卡的額度一樣，但這次銀行一次給您20年期的額度，不像信用卡只有一年期間。

圖3-3-2 **房貸的主、副約運用**

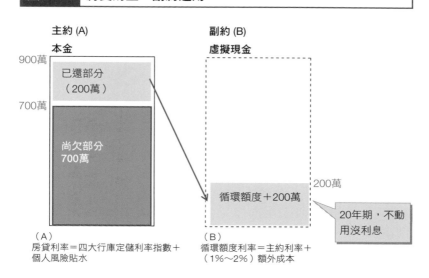

想想看，銀行為何願意提供這種服務？

您與銀行的往來共有兩個合約：主約（A）與副約（B）。

期初，您向銀行借資金：A＋B＝900＋0。

期中，您有還款200萬，故您尚欠銀行的錢為：主約（A）剩餘的本金＋副約（B）可動用的額度＝（900－200）＋200＝900萬。

期初與期中的總借款金額相等，因此對銀行來說，兩階段的總曝險部位相等，所以銀行的總風險部分並沒有升高。

此外，副約（B）給您的200萬可動用額度，您並沒有真正動用到，加上您還將房子抵押給銀行，故銀行願意提供您主約加副約的貸款服務，只剩下費用的問題。

一般的房貸利率的算法（主約）是：四大行庫定儲利率指數（I）＋您個人的風險貼水。

其中「個人風險貼水」，是依您的財力、工作經驗、職位、社會知名度等因素綜合判斷。基本上，就是看您是否有長期穩定的獲利能力（現金流量），例如工作穩定、擁有特殊專業；您的財力越堅實，所需的風險貼水就越低。

目前的四大行庫定儲利率指數為1.3%，則房貸主約的利率為：1.3%＋您個人的風險貼水，合計通常約2%上下。

這就是目前大家房貸利率都接近這個數字的原因。

此時，因為您在**辦理完主約的同時一起申請副約**，所以副約循環額度的利率為：房貸主約利率＋額外的費用（通常約1%），因此合計為3～4%左右。

副約的額度平常放著即可，不動用就不會被收取任何費用，可以把它想成是銀行給您的20年透支額度，隨借隨有。一旦突然需要現金，例如失業或是家中出現重大變故，便可使用這筆緊急資金。您動用10天，只要10天的利息錢；動用5個月，只需5個月的利息錢。最重要的是，循環利息只需3～4%。

如果您在狀況良好（有能力購買房子）時，沒有使用這種方式，在求救無門時，最後可能走向地下錢莊。台灣民法規定，民間借貸利息最多不能超過20%，所以當年銀行的現金卡與信用卡的起跳利率，是一年20%。不過法律沒有規定借貸利息的「期限」，所以地下錢莊也收20%，卻是**一個月**20%，這種利率一借就終生不得翻身啊。

請將這個方法，記在腦子裡，為您自己與您的家庭創造這種**循環額度或虛擬現金**。

不要急著還清房貸主約

當您有錢時，要將主約（Ａ）的本金一口氣還完嗎？答案是，不要！

因為一旦主約結束，副約也會跟著終結，故在貸款的20年期間，請不要將主約全部清光，**保留1萬元本金故意不清償**。這代表您已償還了899萬本金，此899萬會滾入副約（Ｂ）帳戶的額度；您一個月只需付不到50元，就保有副約的899萬透支額度。

這些錢能拿來做什麼？假設您一個月家庭開銷需8萬元，副約的透支額度可保障您112個月（約9年）的支出。換句話說，萬一您在台灣突然完全找不到工作，您是少數能活超過9年的人，因為這筆20年期的循環額度或虛擬現金，讓您與家人可以多撐9年，不至於成為當年雙卡風暴下的不幸受害者。

請特別注意，這筆循環額度（或稱虛擬現金）是**備而不用**，不要將它借出來投資或買奢侈品。這個**以長支長**的作法（如圖3-3-3），用20年期透支額度應對未來長期不可知的生活動盪，是要讓您保命用的，動用時要格外謹慎。

圖 3-3-3　債務要以長支長

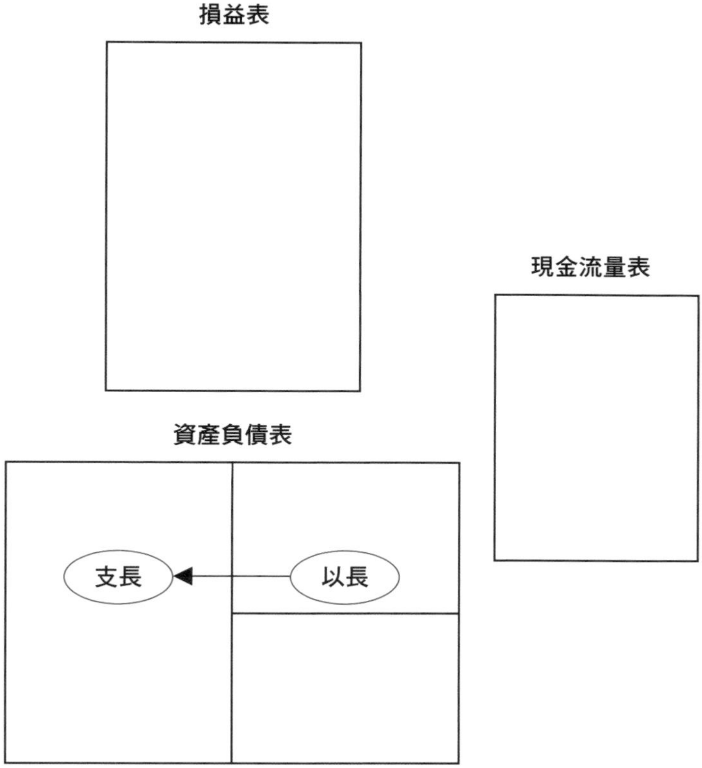

損益表

現金流量表

資產負債表

支長 ◀── 以長

大量的盈餘，怎麼分配
或處理比較好？

我們再複習一下，有錢就會兵分兩路，往左邊叫做資產配置、資本支出，或叫投資策略，錢往右邊叫做處理負債、處理財務結構、融資策略。

假如兵分兩路後，有五種選項：保守留現金、投資、併購、還款、分紅。您現在是公司老闆，現在公司賺了錢，可以兵分兩路，但只能五選一（如圖3-4-1），您會怎麼做？

盈餘分配只有參考答案，沒有標準答案

曾經有人選⑤，大筆提撥紅利給股東分紅；例如2004年，比爾‧蓋茲一次分紅300億美金，將近1兆新台幣，可說是人類有公司組織以來最大一筆分紅。為什麼他可以分這麼多錢？因為微軟當時手上現金有555億美金。所以，如果

遇到這種老闆，只有一句話：您要跟好啊！不過這是例外，
很少有人會這麼做。

圖3-4-1　賺錢後的五種選項

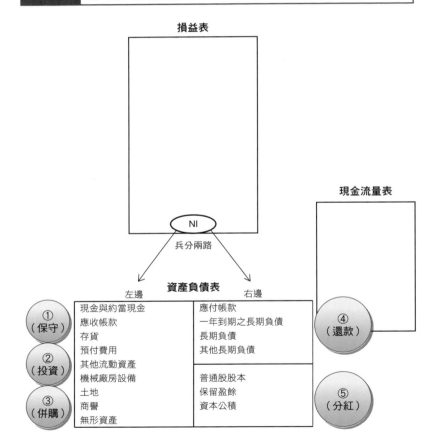

　　一般較正確的做法，應該是選①或④。選④的人是藉由清償債務來改善財務結構，避免將來景氣反轉，銀行採取雨天收傘的政策時，不會臨時出現大量資金缺口，自己也能有較大的緩衝空間。選①的人是希望保留較多的現金，用來**「比氣長」**。

　　比氣長重要嗎？有現成的錢，為什麼不拿來投資，做更好的運用？

　　在2004年底時，台積電手上每天的現金超過4,374億台幣，佔總資產28%；華倫‧巴菲特手上有633億美金；微軟有857億美金，現金佔總資產高達49.7%；華碩有至少736億以上台幣，現金佔總資產22%；戴爾（DELL）有300億美金⋯⋯這群財務長選擇保守的做法，一直被人罵說沒有好好運用資源，很多現金沒有做最好的配置。

　　沒想到2008年之後，大家才發現這些世界一等一的財務長，做的事情才是正確的。金融海嘯發生時，全世界倒了數不清的上市櫃公司，都是因為現金不足，一夜倒閉。所以企業經營時，「比氣長」非常重要，否則遇到金融風暴就陣亡了。**手握現金，不論何時都能買到大部份您想要的資產；手握大量資產，卻不一定能即時換成足夠的現金，讓公司持續生存下去。**所以，您覺得選擇哪一項比較正確？

　　高手都是做①或④，手上最好要保留總資產25%的現金。因此上篇我們曾提到，當您手邊沒有那麼多現金時，一定要未雨綢繆，在財務狀況好時，去銀行搬20年期的虛擬現金；搬這筆現金的做法，不就跟世界一等一的財務長所做的事情一樣嘛！萬一不幸發生財務危機，這個「以長支長」虛擬現金的工具，至少能幫您爭取9年的緩衝時間。

　　很多人問，為何不把賺來的錢拿去投資，選②不是更好嗎？確實，台灣人喜歡選②，不過大家都聽過一句話：「投資有風險，基金投資有賺有賠，申購前請詳閱公開說明書」吧？您可以選②，但前提是先將現金存量保持至25%的水位，多出的部分才做各種投資。

　　事實上，無論是選擇②、③、④、⑤，都最好先滿足①，保持25%的現金才保險，這也與一般理財專家一直推廣的觀念相同：個人理財時，至少準備3～6個月的緊急生活費觀念。而我們的方法更進一步，教您在狀況好的時候，幫自己備好足足9年的虛擬現金唷！

　　歐美國家有錢，比較喜歡選③併購，不過當買貴了，就會有「商譽」。實證研究中也顯示，在併購時買貴的情況居多，所以產生很多「豬頭」。

將公司資產配置技巧活用於個人層面

了解了公司理財的①～⑤選項後，我們可以將公司資產配置的觀念，同理運用到個人的日常生活中，所以接著我們來看個人資產配置。

我們在最前面提過，個人有錢後也是兵分兩路，往左走叫存錢、買房買車，叫「投資策略」；往右走則是清償欠別人的錢或是償還車貸、房貸，叫「處理負債」。

接下來介紹由世界權威金融分析機構標準普爾公司（STANDARD & POOR'S）所做的個人資產投資建議，這份研究資料調查了10萬個資產正成長家庭的資產配置狀況，歸納出最佳的資產建議組合，讓一般人可以把自己賺的錢，按照建議中的比例去做分配──但這只是參考建議，您還是可以依照個人的風險承受度，以及人生不同的階段目標，來調整其中的百分比，不一定要完全依照它的做法。

這份建議是將家庭資產配置分為四個部分，假設您個人的總資產為100%（如圖3-4-2）：

（1）生活帳戶，建議比例為10%

這顧名思義是生活所需的錢，包括食衣住行等日常活動

所需的基本生活費用；其中重點是要保留六個月的生活資金。如果覺得放著浪費，可以放在風險最低的銀行定存或者貨幣基金中，保持高流動性，隨時可以方便取用，因為這個帳戶是「保命的錢」。

（2）槓桿帳戶，建議比例20%

主要是指以小搏大，例如保險的部分，所以是槓桿帳戶。建議大家看完書後，先去買2,000萬意外險，一年保費才3,000多元，因為萬一發生意外事故，勞健保給付才一、兩百萬。如果年紀不小了，則記得要加保醫療保險，這樣在緊要關頭，像是生病或有意外發生時，才不會被迫要賣房賣車、到處借錢。前面所講的20年期的虛擬現金，也是槓桿帳戶的一種，借用銀行的力量，為自己與家人預留一筆隨時可動用的20年期虛擬現金，有備無患，幫助我們度過人生中的低潮與大風浪。

（3）理財帳戶，建議比例30%

這部分是屬於投資的部份，由於投資有風險，您可以依照風險承受度來規劃，分別操作股票、ETF、期貨、外匯或房地產等工具。

但要注意這個理財帳戶基本上要賺得起、也虧得下，所以這個帳戶無論盈虧，都不能影響家庭的基本生活所需，最好不要超過總資產的50%。而且不要賺了錢就覺得自己很厲害，全部加碼，通常到最後都是血本無歸，全部歸零。

（4）退休帳戶或教育帳戶，建議比例40%

保留給自己退休或子女教育所用，因此每個月都要放錢在這個帳戶。這個帳戶的最高指導原則只有兩個：一是保本，二還是保本，所以千萬不要投資高風險標的。將此帳戶的投資率目標，鎖定在打敗通膨即可。

巴菲特在1965年以10萬美元投資起家，經過40多年，他成為世界第二名的有錢人，但他的年平均報酬率也只有20%上下。因此不要太貪心，只要專心尋找長期穩定獲利能力的標的，請永遠記得**「高風險高報酬，高報酬高風險」**這句話，不要隨便聽人說「某某工具報酬率高達60%」，就將錢拿去投資，別忘了這個帳戶是退休要用的，它經不起風險啊。

最後，如果您擔心兩岸局勢惡化，也可以找一家美商銀行開戶，將退休帳戶的三分之一，放在美商銀行，因為萬一開戰，美商銀行是最有保障的。此外，如果存款超過300

萬，超過的部份，請到不同銀行開戶，因為中央存款保險只有300萬的保障。您在同一家金融機構存款超過300萬元，萬一該銀行倒閉了，中央存保最多只賠300萬元哦。

圖3-4-2　標準普爾的資產建議組合

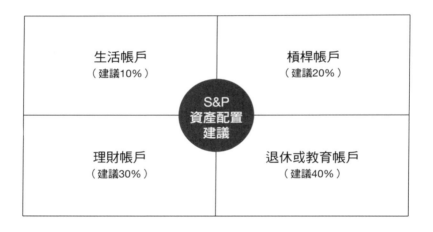

經營能力如何判斷：
損益表與資產負債表的
綜合運用

　　一家公司經營能力好不好，如何判斷？是看業績嗎？或
者看獲利？還是有其他什麼指標？

　　在回答這個問題之前，我們先來看看甲、乙兩家餐廳的
狀況。

　　甲餐廳中午的翻桌率是3趟，乙餐廳是0.9趟，哪一家
比較會做生意？答案是甲餐廳，換句話說，甲餐廳的經營能
力比較好，因為它一個中午可以做3趟生意。

　　公司的經營能力，不就像是餐廳的翻桌率嗎？「經營能
力」的中翻中，就是**「翻桌率」；您的資產一年幫公司做了
幾趟生意，就是經營能力**。回頭看看甲、乙餐廳的翻桌率，
3趟是指那個餐桌一個中午幫餐廳做了3趟生意，而餐桌是

餐廳的資產。同理，公司的資產一年幫公司做了幾趟生意，就是經營能力。

所以我們現在回來看看報表，公司有哪些資產在幫助公司做生意，資產要看哪裡？答案是資產負債表的左方，其中最重要的是現金、應收帳款、存貨、固定資產與總資產（還記得流動性擺法嗎？其中，現金、應收帳款、存貨是流動性最高的三個）。然後看看這些資產做了幾趟生意，就能知道這家公司的經營能力。

您在工作職場中，常聽到**應收帳款周轉率、存貨周轉率、固定資產周轉率、總資產周轉率**這些詞彙，理由便是如此。這也是為何平常公司都會緊盯業務同仁的應收帳款、工廠的存貨，不斷要求大家不要亂買設備的原因，因為這些資產是否運用得當，是公司（專業經理人）經營能力良窳的指標。

在分析前，請思考應該使用那一種報表：月報、季報、半年報，還是年報呢？

比較好的做法是採用「年報」，因為多數行業都有明顯的淡旺季。採用半年報、季報或月報，如果您拿到的數據是旺季，分析出來的結果會高估這家公司的經營能力；如果是淡季的數據，又有低估的問題。所以分析一家公司的經營能

力，**比較好的做法是採用「年報」上的資訊。**

接下來，我們搭配財務報表的立體觀念，來介紹這些指標。

應收帳款周轉率（翻桌率）

相當於應收帳款翻桌率。參考前面提到的翻桌率觀念，如果這個比率算出來是6，就代表「應收帳款」這個資產，一年幫公司做了6趟生意；這個數字越高越好（如圖3-5-1）。

圖3-5-1 應收帳款周轉率示意

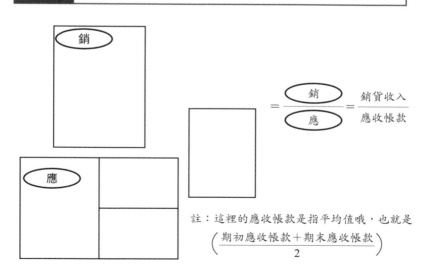

$$= \frac{\text{銷}}{\text{應}} = \frac{\text{銷貨收入}}{\text{應收帳款}}$$

註：這裡的應收帳款是指平均值哦，也就是

$$\left(\frac{\text{期初應收帳款＋期末應收帳款}}{2}\right)$$

這種理解方式還可換個角度思考，把「一年」換成360天。財務界對於一年有幾天，也有兩個學派，有人用365天，也有人用360天當做一年，其實都可以，只要符合一致性即可。我個人喜歡用360天，因為計算方便。

以一年360天、應收帳款周轉率6為例，360天÷6趟＝60天／趟。這個數字翻成中文，意思是：應收帳款每做一趟生意需要60天。換成財務的專業術語，就是應收帳款收現天數為60天。相關的計算過程如下：

$$應收帳款週轉率 = \frac{銷}{應} = \frac{銷貨收入}{應收帳款} = 6 趟／年$$

$$應收帳款收現天數 = \frac{360}{\frac{銷貨收入}{應收帳款}} = \frac{360}{6} = 60 天／趟$$

存貨周轉率（翻桌率）

相當於存貨翻桌率。在了解這個公式之前，先思考這個問題：**存貨是以市價或成本基礎列在公司的資產負表中？**答案是「成本基礎」。

　　因為「會計」的真正目的，在於「忠實記錄企業營運過程中的所有數據」，而且會計處理的準則要求保守穩健，這樣記錄下來的數據，才能忠實反應公司營運的真實面。工作上您常聽到財會人員掛在口中的「成本市價孰低法」，即是要求以成本或市價兩者最低者，列入相對應的會計帳冊中，那是「保守穩健」的處理準則要求。

　　讓我們回到存貨周轉率的公式。如圖3-5-2分析，存貨是以成本基礎列入資產負債表中，這個存貨的分母是成本基

圖3-5-2　**存貨周轉率示意**

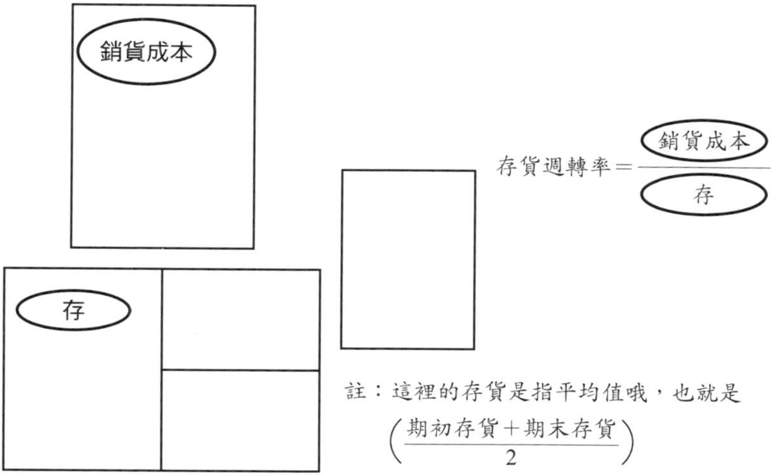

$$存貨週轉率 = \frac{銷貨成本}{存}$$

註：這裡的存貨是指平均值哦，也就是

$$\left(\frac{期初存貨 + 期末存貨}{2} \right)$$

礎，所以，分子也需要用成本基礎的「銷貨成本」，而不再是採用「銷貨收入」當成分子。

　　存貨周轉率算出來的數據，也是越高越好。如果這個比率算出來是3.6，代表「存貨」這個資產，一年幫公司做了3.6趟生意。

　　這個比率同樣也能換成「一年360天」這個角度來思考。如果算式是360天÷3.6＝100天／趟，這個「100天」代表什麼意思呢？

　　想想看，存貨是放在哪裡？一般情況下，存貨都是放在倉庫，所以100天就是指存貨在庫天數100天。換回財務專業術語，就是「商品平均售出天數」是100天

　　所以，財會知識的理解，如果換成這種常識理解法，其實是非常有趣的。

固定資產周轉率（翻桌率）

　　固定資產周轉率同屬類似的概念，這個數值也是越大越好，代表固定資產一年幫公司做了越多趟的生意。但請大家注意，在圖3-5-3的財務立體模型中，我們在資產負債表左下方圈選固定資產時，並沒有全部圈上唷！

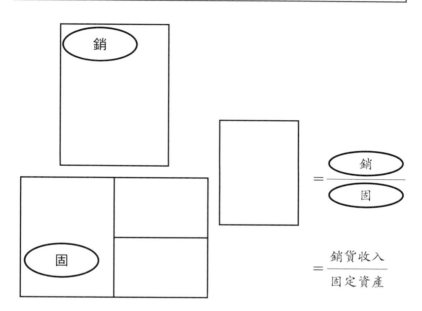

圖3-5-3 固定資產周轉率示意

$$= \frac{銷}{固}$$

$$= \frac{銷貨收入}{固定資產}$$

　　這是因為資產負債表中的科目，都是依照流動性擺法。流動性高擺上面，流動性低擺下面，所以最下面的科目，通常是商譽（豬頭、買貴了），或是無形資產，故計算固定資產周轉率時，不能將這些無形資產計算進去。

總資產周轉率（翻桌率）

相當於總資產翻桌率。這個指標可以看出專業經理人是否將公司所有的資產，做最有效率的運用，數字一樣越大越好（如圖3-5-4）。

圖3-5-4 總資產周轉率示意

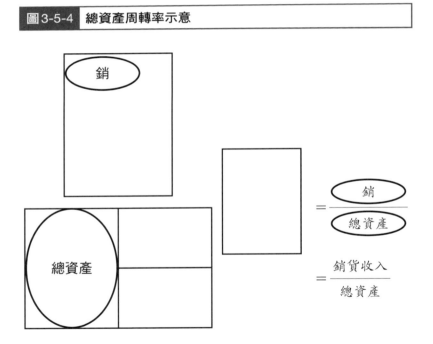

但如果總資產周轉率小於1，例如：

$$\frac{銷貨收入}{總資產} = \frac{小}{大} = \frac{100億}{500億} = 0.2$$

通常代表這是一個「砸錢」、「燒錢」的行業，中翻中叫「資本密集行業」或「奢侈品行業」。用白話說明，就是這家公司為了營運，一年需要投入500億的資產，但只做出100億元的營收。

您可能會問，實務上有這種公司嗎？當然有！這種資本密集行業，個人理財時盡量不要碰，例如光電、太陽能、DRAM、面板、生技、鋼鐵業……等。除非遇到以下2種特例：

1. 屬資本密集，但損益表上有「長期穩定的獲利能力」特性，例如：台積電、電信公司、瓦斯公司、LV、Tiffany……等

2. 屬資本密集，但公司有充足的現金（佔總資產25%以上），例如：阿里巴巴、谷歌、臉書、騰訊……等。

　　所以總的來說，總資產周轉率小於1，通常代表該公司屬資資本密集（燒錢）或奢移品行業；大於1，代表該公司整體經營能力相當不錯；大於2，則通常代表流通業或經營效率特別強的公司。

公式運用技巧

　　前面說明的公式，如果您留心的話，就會發現我們是以「流動性」的排法順序（應收帳款、存貨、固定資產與總資產），依序向大家說明相關的公式，但是，**在實際運用時，我建議大家要倒著看：**

1. **總資產周轉率（翻桌率）**：要先看，以便了解這家公司整體的經營能力狀況。如果可能，這個數值也應該與同業進行比較。

2. **固定資產周轉率（翻桌率）**：我通常會跳過這個指標，因為它與總資產周轉率有點雷同，除非是特殊情況，才會回頭檢視這個比率。因為您不一定是財經背景，故建議您抓大放小，先掌握其他重要資訊即可，以免見樹不見林。

3. **存貨周轉率（翻桌率）**：看看這家公司的存貨一年可以幫公司做幾趟生意，越多趟越好；這也代表這家公司商品或服務在市場的接受度或熱銷度。例如，依照2014年各公司的年報資料中顯示，蘋果的存貨周轉率是58趟／年，商品平均在庫天數是6.2天，HTC的存貨周轉率是6.3趟／年，商品平均在庫天數是57.6天。這樣子一比較，馬上就能理解熱銷的蘋果相關產品，平均6.2天就賣出了；而HTC的產品，平均快2個月才能賣出。

4. **應收帳款周轉率（翻桌率）**：看看這家公司業務團隊的收款能力，應收帳款翻桌率越多趟，代表該公司業務團隊在市場上較強勢，例如，依照2014年各公司的年報資料中顯示，蘋果的應收帳款周轉率是12趟／年，應收帳款（貨款）平均30天就能收到現金；HTC的應收帳款周轉率是6.4趟／年，應收帳款（貨款）平均57天才收到現金。銷售團隊孰優孰劣，馬上就能判斷出來。

經營能力實戰分析

為了讓大家進一步瞭解，我們拿六家公司的財務報表來簡單分析（如圖3-6-1）。還記得前一節說過，要從下而上分析嗎？我們就來逐一解釋。

總資產周轉率（翻桌率）分析

先回想前一節對總資產周轉率數據的歸納：大於1趟／年，非常不錯；大於2趟／年，非常厲害，通常屬於翻桌率很強的流通業；小於1趟／年，代表「燒錢」，專業名詞叫「資本密集」，此時要特別留意該公司是否有足夠現金，確保景氣反轉時還能持續經營下去。若沒有足夠的現金（現金佔總資產25%，最保守也應該要有10%），則至少公司該要以「收現金」的模式經營。

從圖3-6-1可知，六家公司的總資產周轉率（翻桌

圖3-6-1	六家公司財務報表參考						

		Walmart	Costco	鴻海	台積電	google	王品
流動性高	應收帳款周轉率（翻桌率）	72.2	95.9	5.51	8.12	7.2	100.97
經營能力（翻桌率）	應收帳款收現天數	5	3.75	66.2	44.95	49.8	3.61
	存貨周轉率（翻桌率）	8.1	12.04	10.9	7.42	120.6	4.16
	商品平均售出日數	44.4	29.9	33.5	49.19	3	87.74
流動性低	總資產周轉率（翻桌率）	2.38	3.4	1.76	0.55	0.52	1.77
分析時要由下往上	現金佔總資產%	4.5	17.38	27.6	24	49.1	23.7

資料來源：2014年各國證管會，上市櫃公司股市觀測站

率），由高到低依序為：Costco（3.4趟／年）、Walmart（2.38趟／年）、王品（1.77趟／年）、鴻海（1.76趟／年）、台積電（0.55趟／年）、Google（0.52趟／年）。

總資產經營能力表現最好的是Costco，這與他們的經營策略也相當吻合。該公司董事會明文規定，全球500間以上的Costco，每一項產品的毛利率都不能超過14%，否則需經

過董事會核可才可販售。翻開 Costco 2014 年的年報資料，您會發現該公司的整體毛利率只有 12.6%，這是因為該公司希望透過物超所值的大包裝、少品項與超低價方式，回饋會員，提高會員回購率。

這就是實務中常聽到的一句話：**低價要能活，除非「轉」得快**。所謂「轉得快」，指的就是總資產周轉率（翻桌率）。總資產周轉率大於 2，通常是指流通業，Costco 不但符合，而且周轉率高達 3.4 趟，比 2 大得多，可見其經營能力相當優異。您住家附近若有 Costco，可以看看一年 365 天，是不是幾乎天天營業時間未到，就有大批會員在店門口等待開門呢？

接下來，我們看看總資產周轉率第 2 名的沃爾瑪是 2.38 趟／年，大於 2 的高翻桌率，正是流通業的特性。排名第 3 名的王品集團是 1.77 趟／年，也符合餐飲業要求高翻桌率的一般常識。第 4 名的鴻海集團，總資產周轉率（翻桌率）高達 1.76 趟／年，與餐飲業模範生王品幾乎同一等級，也很接近流通業的標準（2 趟／年）。所以在科技業中，全世界都說台灣的 IT 製造業經營能力是最好，因為該行業的指標公司鴻海，其總資產周轉率已接近流通行業的等級；鴻海每投入資產 1 億元，一年可創造出 1.76 億的業績。

　　台積電的總資產周轉率只有0.55趟／年，數字小於1，通常是指資本密集（燒錢）的行業，符合台積電所在的半導體行業特性。資本密集並非原罪，也不是一定不好，只代表著該行業每年需大量投入資金更新設備，保持競爭力，故只要確認該公司有足夠現金即可。從表中可看出台積電的「現金與約當現金」佔總資產24%，作法非常正確與穩健。這像是您需要常常進出高級場所（燒錢），身上絕不能只帶了500元現金，否則肯定非常容易出事！這麼簡單的道理，卻不是每個人都懂，例如同屬資本密集行業的茂德（DRAM）與勝華（觸控面板），他們的現金與約當現金常年只維持在5～8%，所以只要景氣一反轉，就會遭到滅頂危機，令人不勝唏噓。

　　總資產周轉率最低的，是0.52趟／年的google，代表它也是資本密集的行業。這也不難理解，因為google全球有數十億用戶，免費送大家gmail、需端硬碟空間、免費搜尋資料等服務，皆需要大量的硬體投資與高速的運算能力，但身為使用者的我們分毫未付，所有的成本都由google吸收，所以google的總資產周轉率小於1，google屬於資本密集行業。

　　同理，網路公司的總資產周轉率（翻桌率）通常都是小於1，屬於資本密集產業，所以都要確認它們的現金佔總資

產是否落在10～25%的安全區間！從圖3-6-1可知，google現金佔總資產為49.1%，非常穩健。類似行業的現金佔總資產也頗高，例如Facebook（27.9%）、百度（57.9%）、騰訊（25.1%）、阿里巴巴（43%）。

有沒有發現一個有趣的現象，大部份經營不錯的網路公司，現金存量都遠遠大於我們建議的10～25%區間？理由是什麼？因為，經歷過2000～2001年的網路泡沫化期間的人，都知道「活著真好」！只有手握現金的人或公司，才能在經濟風暴中活下來。

存貨周轉率與存貨在庫天數分析

分析完最底下的總資產周轉率，接下來，我們來看看每家公司的存貨管理能力：存貨周轉率與存貨在庫天數（商品平均售出日數）。

表現最好的是google，其存貨周轉率高達120.6趟/年，也就是說平均3天左右，google的存貨就賣出去了。數字會這麼優異，是因為google是一家網路公司，實體的存貨並不多，只有少許雲端硬碟或其他非常少數的實物產品。google主要的收入，來自關鍵字廣告等非實物性質的服務，而這些

看不到，摸不到的東西，通常無法歸類到「存貨」這個具有實體特性的科目中。

　　存貨管理表現第二好的是Costco，其存貨周轉率為12.04趟／年，換句話說，Costco賣場的商品平均每30天就全數賣出一次。接下來是製造起家的鴻海，平均33.5天就將庫存賣出，遠優於流通業（貨物流通很快的行業）Walmart的44.4天。由此可見，鴻海的存貨管理能力已接近Costco，而且大幅領先Walmart；以製造業平均90天才能順利將存貨賣出的標準來看，鴻海的存貨控管能力堪稱世界一流，只需33.5天。

　　台積電的平均存貨在庫天數為49.2天，也是非常厲害，因為半導體的製程通常需要100天左右。換句話說，台積電產品非常熱銷，一直被客戶追著出貨，處於供不應求的階段。

　　接著是王品集團，存貨一年平均做4.2趟生意，庫存在庫天數約為87.7天，其實表現算是不錯，但仍被不少網路酸民挖苦：「哇！王品的牛排怎麼放了87.7天才給我們吃啊？」這麼長的在庫天數，可能源自於兩種情況：

1. 冷凍牛肉確實能存放較長時間，同時依然保持肉品的品質。

2. 一般餐飲集團都採用向大盤商訂貨，王品集團因用量較大，故採用直接向國外肉品供應商訂購，也許有最小經濟訂購量的考量。只要肉品的保鮮期符合法規規定，一般民眾還是能接受，再者，王品集團也是一家有責任與愛護員工的好企業。

應收帳款周轉率與應收帳款收現日數分析

接著，我們看一下應收款的經營能力：應收帳款周轉率與應收帳款收現日數。

一般而言，只要應收帳款收現天數小於或等於15天，我都會視為現金交易型的行業。現在客戶採用信用卡付款的方式相當普及，而信用卡機構通常是7天或14天一結，換句話說，廠商通常要在7～14天後，才會收到消費者以信用卡刷卡支付的現金。

從圖3-6-1可知，Walmart收現日數是5天，Costco是3.75天，王品是3.6天，都符合我們的常識，因為它們都屬於「現金交易型」的公司。台積電44.9天就能收到應收帳款，以製造業平均90～120天才能收到貨款的狀況來看，這個數字非常優異。google則是49.8天，鴻海應收款回收天數

是66.2天，表現也都相當亮麗。

應收款回收天數這個指標，在評估一家公司的股票值不值得投資時，是一定要看的指標。因為上市櫃公司常見的做假帳手法，就是在境外開一家紙上公司，然後做假交易（塞貨），此時做假帳公司的損益表上，營收會不斷創新高，淨利也會創新高（如圖3-6-2所示）！

您還記得損益表不是100%確定的，淨利僅是預估的概

圖3-6-2　假出貨的損益表示意

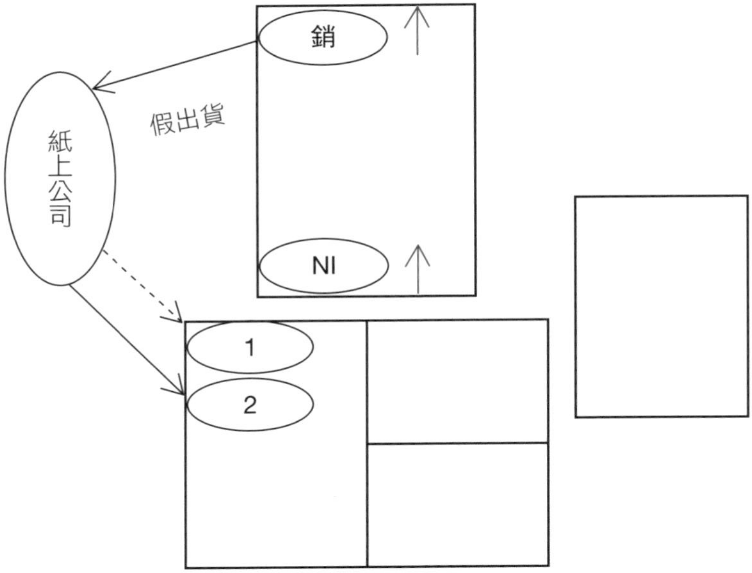

念嗎？如果您只看損益表，就會誤以為這家公司值得投資，因為它的營收、獲利都創新高！

為了確認這家公司是否有作假帳塞貨的問題，您可以看看應收帳款佔總資產的比率有沒有突然偏高，或是應收帳款回收天數明顯越來越長。

貨物售出後，一般情況會有以下兩種相對應交易行為之一：現金增加（如果是現金交易型企業）、應收帳款增加（如果是信用交易型的企業）。因為這家公司在營收數字上造假，所以不論時間過多久，他們都收不到現金，只能在應收帳款這個科目做手腳。當該公司的應收款佔總資產比率，和過去五年相比不斷增加（因為做假交易所產生的應收帳款永遠無法變成現金），或是該公司的應收帳款回收天數越來越長，這就是一種警訊。

所以，解讀財務報表上的數字，必須配合一起看；就像看成績單時不能只看一科，要全部成績一起評估，才能看出一位學生的綜合能力表現。另外謹記一個觀念，財務報表因為涉及公司所有的經營活動，而一家公司通常不會一夜之間就突然變好或變差，故除非碰上罕見的特殊情況，財務報表不會發生青蛙變王子、一夕巨變的情況。如果一家公司心術不正，想在營收動手腳，就會產生以下三種現象：

1. 它的現金佔總資產比率會越來越少,因為假交易是收不到錢的。

2. 它的應收帳款佔總資產比率會越來越大。

3. 它的應收帳款回收天數會越來越長。

這就是財務報表的特性:慢慢變好或是慢慢變差,報表上的數字不太可能在一夜之間大幅變動。希望這些常識能幫助大家在投資時,避開愛做假帳的地雷股。

經營能力綜合判斷

透過上述的基本分析,如果要對上述六家公司進行經營能力的綜合判斷與排名,您會如何排名?

我的看法是:Costco > 台積電 > google > 王品 > Walmart > 鴻海。但不管您的排序為何,都算對,重要的是要能判斷何謂好壞,然後加上自己獨特的見解即可。

記得,財務報表的單一數字或是單一指標沒有太大意義,只看單一指標或數字,容易產生錯誤的判斷。這時候您可以加上前面學會的獲利能力分析與經營能力分析,進行更深入的綜合判斷。我們同樣以那六家公司的 2014 年年報,

來分析它們的獲利能力指標（如圖3-6-3所示）。

| 圖3-6-3 | 六家公司獲利能力指標參考 |
| | |

	Walmart	Costco	鴻海	台積電	google	王品
RoA	8.03	6.2	6.02	19.33	11	9.54
RoE	20.10	16.7	14.8	27.88	13.8	17.95
毛利率	24.83	12.6	6.93	49.52	61.1	51.08
營業利益率	5.59	2.9	3.4	38.79	25	7.15
淨利率	3.37	1.8	3.14	34.58	21.9	5.25
每股盈餘EPS	5.07	4.69	8.85	10.18	21.02	9.14

　　由表中可知，同屬流通業的Walmart毛利率24.83%，高於Costco的12.6%。但賺錢的真本事：營業利益率與毛利率之間差距的費用率（指銷管研折舊與分期攤銷費用佔總營收的百分比），Walmart的費用率是19.24%（24.83－5.59），Costco的費用率是9.7%（12.6－2.9）。

　　兩家公司的RoE與每股盈餘相差不大，若同時考量經營能力相關指標，Costco的總資產翻桌率比Walmart表現要好上很多（3.4 vs. 2.38），且Costco的商品賣出速度平均29.9天，比Walmart的44.4天要快。兩家公司都是現金交易型的行業，但Costco陳列的商品顯然比Walmart暢銷。透過分析獲利能力與經營能力，如果您剛好有100萬元想投資這

種流通產業，應該看得出 Costco 是一個比較明智的選擇。

接下來，我們簡單分析一下大家最熟悉的二家公司：鴻海與台積電。它們同屬製造業，整體來說經營能力相當優異。存貨在庫天數方面，鴻海約33天，台積電49天；應收款管理能力方面，鴻海約66天收到貨款，台積電則是45天左右。

唯一不同的地方是半導體屬於資本密集行業，故台積電的總資產周轉率僅有0.55趟/年，鴻海則是大幅領先，高達1.76趟／年。若除去產業差異這個因素，這兩家公司在經營能力上的數據，在全台肯定是非常優秀。

接著我們分析兩家公司的獲利能力。鴻海的毛利率只有6.93%，台積電則是49.52%（顯然真是一門好生意）。毛利率愈高，代表抵抗產業巨變的緩衝空間愈大，故台積電優於鴻海。費用率（毛利率－營業利益率）方面，鴻海是3.53%（果然是一個超級省的團隊），台積電是10.73%（費用率在10%上下，代表具有相當大的規模經濟），兩家公司都表現不錯。另外，兩家公司的每股獲利也在9～10元之間。

我們投資一家公司時，通常是以股東身份投資，故當兩家公司獲利能力差不多，規模經濟在各自產業也名列前茅，則此時股東報酬率的高低便是一個關鍵參考指標。台積電的

RoE是27.88%，遠優於鴻海的14.8%。

綜合以上分析，可以做出結論如下：

1. 鴻海與台積電的各項經營能力相當優異（除了資本密集這件事）。
2. 鴻海行業毛利空間抵抗景氣循環的空間較小。
3. 台積電是一門好生意（毛利率），又有賺錢真本事（營業利益），且有規模經濟（費用率與營業額）。

加上台積電的經營能力也佳，屬於雙好的公司（獲利能力與經營能力）。這也是在財經電視與電台節目中，為何天天都會聽見外資買超台積電多少張、賣出台積電多少張的理由，因為台積電是少數擁有雙好的公司！

這本書的目的，在於教會大家如何判斷公司的好壞！至於找到好公司後，剩下的就是買入時機，這屬於進階運用的投資理財領域，讀者可以從其他書籍或課程中自我學習。

做生意的完整週期是
什麼？

　　在3-5節中，我們提到經營能力的中翻中，就是「翻桌率」（周轉率）的概念。換句話說，就是看公司資產負債表中的資產一年幫公司做了幾趟生意。

　　除了透過這種專業的角度切入之外，還可以從「做生意的完整週期」來思考經營能力：公司採購部門買進材料交給工廠生產，做出來的產品存倉之後，交給銷售部門把產品賣出去，最後再從客戶手上收到貨款，這一連串的過程就叫「做生意的完整週期」。

　　為了讓大家清楚了解「做生意的完整週期」，所以我們將這一連串的過程畫成圖表（如圖3-7-1），分別編號為①～⑥。如果您注意看，①～⑤的過程其實就是存貨的周轉天數，而⑤～⑥就是應收帳款周轉天數。①～⑥的完整過程，就是做生意的完整週期，不斷重覆，週而覆始。

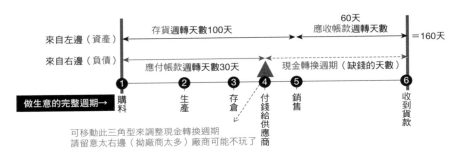

圖3-7-1　做生意的完整週期

假設①～⑤過程中的存貨周轉天數是100天，⑤～⑥過程中的「應收帳款周轉天數」是60天，那麼100 + 60 = 160（天），就是這家公司「做生意的完整週期」。

假設這是一家小雜貨店，一天的開銷要1萬元，如果您想要做這種生意，至少就要準備160萬的資金，才能跑完生意完整週期。如果是比較大型的企業，一天開銷要1億新台幣，就代表需要準備160億的資金，才能從事這個行業——這就是做生意完整週期最重要的概念。

除了用自己的錢之外，您還可以運用別人的錢，這叫做「借力使力」（Leverage）；做生意流程中的①～④的期間就是借力使力。換句話說，就是**應付帳款周轉天數**，運用供應商的錢來做生意。應付帳款的概念就像是應收帳款，請回

想一下，應付帳款出現在資產負債表什麼地方呢？其實它在
資產負債表的右上方，所以您只要把右上方的數字拿出來，
因為應付帳款是付給供應商的材料錢，所以分母是成本的基
礎，分子也應該拿成本的基礎，也就是損益表上的銷貨成
本，兩個數字相除之後，得出：

$$應付帳款周轉率 = \frac{銷貨成本}{應付帳款}$$

假如這個數字計算出來是12趟，則360天 ÷ 12趟 = 30
天／趟，這就是「應付帳款周轉天數」。就像資產負債表有
「左邊＝右邊」的概念，做生意的完整週期則是有「上方＝
下方」的概念。

如果仔細看3-7-1這張圖，存貨周轉天數100天，應收
帳款周轉天數60天，剛好就是來自於資產負債表左邊資產
類的科目。而應付帳款周轉天數，以這個例子是30天，剛
好就是來自於資產負債表右邊的負債科目。左邊＝右邊，所
以 100 ＋ 60 ＝ 30 ＋現金轉換週期。

「現金轉換週期」是專業人士文謅謅的用字，如果把他
換成中翻中的白話文，就是**「缺錢的天數」**；以這個例子，
缺錢的天數是130天。這代表，如果您想從事這種行業，至

少要準備130天的現金，才有資格做這種生意。

　　這130天應該用什麼單位來相乘呢？如果保守一點，可以拿每一天的銷貨收入乘上130天，您也可以拿每一天的銷貨成本乘上130天，這代表您至少得準備這麼多錢，才能和供應商持續做生意；最低限度的做法，至少要拿每日的管銷費用（房租、水電、人事等費用）乘上130天。這就是「做生意完整週期」最重要的概念：我應該準備多少錢，才能維持公司的營運所需。

帳款周轉天數分析

　　接下來，我們來做一些簡單的運用，利用圖3-7-1來分析。

1. 如果您做生意都是以現金進行交易，請問您做生意的完整週期，會從160天變成幾天？答案是100天，因為應收帳款周轉天數變成0（因為您收現金），所以做生意的完整週期變成100天。應付帳款周轉天數如果還是30天的話，則您做生意至少要準備70天的錢，這就是缺錢的天數（專業術語叫「現金轉換週期」）。

2. 如果您是老闆，如何用最少的錢來做生意？其實很簡單，首先，您可以縮短應收帳款周轉天數；另外，把要付給供應商的應付帳款周轉天數拉長，這樣就可以用比較少的錢，來經營您的事業。這就叫做「**快收慢付**」──應收帳款快快收回，應付帳款慢慢支付。

3. 圖3-7-1中的三角形，如果往左邊移，就代表對供應商特別好，等於虧待自己的公司。往右邊移，就代表想借力使力、運用供應商的錢，但如果這個三角形往右邊移太多，例如與任何供應商合作時，您要求的應付帳款條件都是月結360天，這樣的條款會很難找到供應商。所以實務上，建議採「配合原則」：應收帳款是我們賣貨給客戶之後，客戶要給我們的錢，所以只要在應付帳款周轉天數，盡量向供應商爭取到跟客戶給我們的天數是一樣的，兩者就可以相互抵消。

存貨周轉天數分析

透過上述的例子，應收帳款周轉天數解決了，應付帳款周轉天數的問題也解決了，現在就剩下管理好自己的存貨，這叫「存貨周轉天數」（存貨在庫天數）。思考一下，該如

何縮短公司的存貨在庫天數，讓公司做生意的週期變短呢？
我有三個建議。

1. 常用的作法是JIT（Just in Time）即時生產，或是
   BTO（Bill to order）接單式生產。透過這兩種方式，
   能夠有效減少公司做生意完整週期中所需要的存貨資
   金。

2. 或是在公司經營週期初期，沒有充足現金時，可以採
   用「來料加工」，這也是台灣一般中小型企業在起始
   營運過程中最常採用的生意模式。「來料加工」其中
   的材料是由客戶端所提供，故可以大幅降低中小企業
   所面臨的資金壓力。但這種生意模式也有風險，因為
   來料加工的企業只能賺到加工費，附加價值低，比較
   容易被其他競爭者取代，因為買方總是希望自己要付
   的加工費愈低愈好。

3. 改變存貨的採購頻率，例如單價比較低的原物料或存
   貨，可以一次性下單，這麼做是為了取得經濟規模，
   降低材料的進貨成本。但是，如果是高單價的原物
   料，則需採用相反方式，因為高單價的原物料如果沒
   有妥善運用，企業經營的資金就會壓在這些高價的存

貨上。所以針對**高單價的原物料，通常應該採用少量多次的採購方式**，來將庫存水位降到最低，減少公司資金的積壓。

為了讓大家更充份了解做生意的完整週期，我們再次拿之前六家公司的財務報表（如圖3-7-2）進行分析，便於瞭解各家公司「做生意的完整週期」大約需要多少天。

		Walmart	Costco	鴻海	台積電	google	王品
圖3-7-2　六家公司財務報表參考							
經營能力（翻桌率）	應收帳款周轉率（翻桌率）	72.2	95.9	5.51	8.12	7.2	100.97
	應收帳款收現天數	5	3.75	66.2	44.95	49.8	3.61
	存貨周轉率（翻桌率）	8.1	12.04	10.9	7.42	120.6	4.16
	商品平均售出日數	44.4	29.9	33.5	49.19	3	87.74
	總資產周轉率（翻桌率）	2.38	3.4	1.76	0.55	0.52	1.77
	現金佔總資產%	4.5	17.38	27.6	24	49.1	23.7

資料來源：2014 年各國證管會，上市櫃公司股市觀測站

　　我們可以很清楚的看到，做生意完整週期最短的天數是Costco的34天，接下來是Walmart的49天，這也剛好符合流通業產品流通快速的特性，平均做生意的完整週期都低於60天。google做生意的完整週期大約為53天，表現也相當的優異。王品大約為92天，台積電大約為94天，鴻海集團大約為100天，而這幾家公司，都是在個別產業非常具有代表性的公司。所以各位在分析時，可以用這些公司做為標杆（Benchmark），與其他競爭者比較，就能大約知道它們在個別的產業中，做生意完整週期長短所表現出來的經營能力孰優孰劣了。

淨利率這麼低能活嗎？

假設有一家公司，一年的淨利率只有5%，公司在外面的融資成本一年高達24%，這種企業能活嗎？

用常識判斷，乍看之下似乎活不了，但是**「低價如果轉得快」就有機會**。其中「轉得快」，指的是經營能力的翻桌率翻得快，例如低毛利率的行業（像是網路購物、電視購物、3C流通業……等等），雖然淨利率低，但是只要周轉的快，還是有不錯獲利的機會。

在財務的領域，該怎麼表達這個觀念呢？其實很簡單，只要投資報酬率大於資金成本率，就有機會存活。換句話說，只要這一家公司的投資報酬率，也就是RoI（Return on Investment）大於資金成本率24%，就有機會存活。RoI的定義為：

$$投資報酬率\ RoI = \frac{Output}{Input} = \frac{收到的好處}{投入的成本} = \frac{收益}{成本}$$

但是財務報表上，並沒有 RoI 投資報酬率這個數字，最接近的觀念，是總資產報酬率 RoA（Return On Assets）：

$$總資產報酬率\ RoA = \frac{收到的好處}{投入的成本} = \frac{收益}{成本} = \frac{淨利}{總資產}$$

到目前為止，公式只能表達到這裡，所以一般財務人員在進行分析時，會乘上銷貨收入，再除銷貨收入，最後將等式進行簡單的移項變化。

$$\frac{淨利}{總資產} \times \frac{銷貨收入}{銷貨收入} = 總資產報酬率\ RoA（移項之後）$$
$$= \frac{淨利}{銷貨收入} \times \frac{銷貨收入}{總資產}$$

換句話說，RoA ＝淨利率×總資產周轉率（翻桌率）

回到剛才的問題，就算淨利率低，只要投報率大於資金成本率 24%，就有機會存活，因此目標為：RoA ＝淨利率×總資產周轉率（翻桌率）＞資金成本率 24%

假設這家公司的總資產一年可以做10趟生意，則總資產報酬率＝5%×10趟＝50%，大於24%資金成本率，因此它可以存活下去，這就是低價但是轉得快就能夠存活的觀念。換句話說，如果您的行業不只低價、還轉得慢，就不太有機會能夠獲利。

所以，判斷純粹打低價的企業是否能活下來時，我們不能只看它賣得多不多來判斷（營收規模大不大的概念），而是要看他轉得快不快（經營能力翻桌率的概念）。只要翻桌率快，就有獲利的機會。難怪淨利率低的網路商城，會推出24小時或是6小時到貨的服務，因為這樣子才能轉得快；逢年過節都會推出每季特賣、每月精選、每週特選、每日好康等促銷活動，也全都是為了提高周轉率，

RoI 投資報酬率為何可用 RoA 總資產報酬率替代

RoA總資產報酬率這個指標，之所以可以用來取代RoI投資報酬率，是因為企業經營事實上只做四件非常重要的事（如圖3-8-1）：

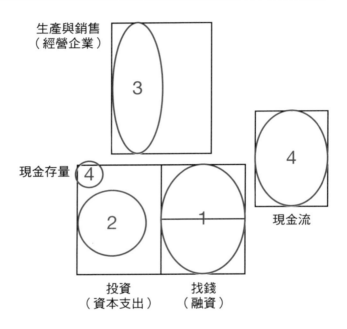

圖3-8-1　企業經營四大關鍵

1. 想辦法去找錢，也就是透過金融市場（銀行）或是資本市場（股東）這兩個來源去找錢。翻成文言文，就叫做**「融資策略」**，如圖3-8-1標示的區域①。

2. 融資進來的錢，交給老闆投資（花錢），去買企業經營所需的資產。翻成文言文，就叫做**「資本支出」**，如圖3-8-1標示的區域②。

3. 買進來的設備，再交給研發與生產單位，從事產品的研發與製造，最後由銷售團隊賣給客戶。這就是所謂的「**企業經營**」，如圖3-8-1標示的區域③。

4. 實務上產品銷售與原物料採買，通常不是現金交易，所以會有應收／應付帳款。怎麼把公司帳面上賺到的錢（淨利），變成現金回到公司，就是所謂的**現金流量表**，如圖3-8-1標示的區域④。

公司為了永續經營，會一直重覆上述四個步驟的循環，所以傳統的投資報酬率RoI，換成公司的角度就是RoA總資產報酬率。公司花錢投資買了一些機械設備，這些資產一年能幫公司賺多少錢，就是一般人所謂的投資報酬率RoI：投入的成本，能幫我帶來多少好處。所以在財務的領域中，RoI可以用RoA替代進行分析。

兩家公司RoA很接近，該怎麼判斷好壞？

　　如果您有一筆資金可供投資，目前看上兩家公司。一家 是Walmart，RoA為10.1%；另一家是Tiffany，RoA為11.2%。請問，您該投資哪一家？

　　當RoA的差異很大，一般人在決策時非常容易判斷，但在這個例子中，兩家公司的RoA非常接近，無法馬上做出決定。其實，您只需要運用前面教的兩個觀念，將翻桌率進行展開來分析。首先，我們先進行小展開：

$$總資產報酬率\ RoA = \frac{收到的好處}{投入的成本} = \frac{淨利}{總資產}$$

$$= \frac{淨利}{總資產} \times \frac{銷貨收入}{銷貨收入}$$

$$= \frac{淨利}{銷貨收入} \times \frac{銷貨收入}{總資產}$$

＝淨利率 × 總資產周轉率（翻桌率）

所以：

Walmart 的 RoA ＝ 10.1% ＝ 4.2%×2.4 趟

Tiffany 的 RoA ＝ 11.2% ＝ 13.1%×0.85 趟

　　如果從獲利能力來分析，可以看到 Tiffany 的淨利率高達為 13.1%，明顯優於 Walmart 的 4.2%。但是若以經營能力的角度來分析，Tiffany 一年期公司的總資產只做了 0.85 趟生意；而 Walmart 一年總資產為公司做了 2.4 趟的生意。換句話說，Walmart 的經營能力遠優於 Tiffany。

　　還記得前面提過，如果獲利能力與經營能力不可兼得的時候，要以經營能力為主嗎？因為獲利能力很容易被外部的競爭者給破壞。例如在鄉下種香蕉，一年可以賺 2,000 萬，毛利非常高；隔一年，您就會發現整個村莊的村民全都在種香蕉。如果一家餐廳賣的蛋塔生意大排長龍，隔幾個月，您就會發現整條街上都在賣蛋塔。這就是資本主義唯一能確保

的事情：只要某一個行業的毛利夠高，被其他人知道後，競爭者將源源不絕的出現，這就是所謂的「蛋塔效應」。

所以，即使您有高毛利，仍然無法有效抵擋外來競爭者的入侵。但是，經營能力屬於公司內部的一種能力，強調的是這家公司如何有效運用應收帳款、存貨、固定資產與總資產，進行最有效的配置與運用。這些經營能力背後所代表的運用邏輯（Know how），一般競爭者是不得其門而入、也偷不走的。所以**當經營能力與獲利能力不可兼得的時候，要選經營能力**；以本例來說，您應該選擇 Walmart。

從「做生意的完整週期」角度進行分析

除了上述的分析，我們也可以從「做生意的完整週期」角度進行分析。由圖 3-9-1，可以看到 Walmart 的做生意完整週期＝存貨在庫天數＋應收帳款周轉天數＝ 40 ＋ 4 ＝ 44 天，Tiffany 的做生意完整週期＝ 440 ＋ 23 ＝ 463 天。

假設經營這類公司一天需要 1 億美元的開銷，做沃爾瑪這種生意，就需要 44 億的資金；Tiffany 做生意的完整週期過程中，就需要 463 億美金的資金。

所以如果您要投資這兩家公司，Walmart 的獲利能力普

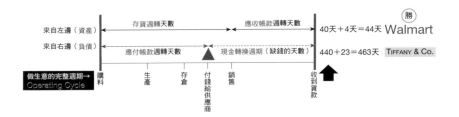

圖 3-9-1　Walmart 與 Tiffany 的「做生意完整週期」

通，但經營能力相當優異，而且做生意的完整週期很短，所以一年可以做很多趟的生意；Tiffany 的獲利能力非常好，是 Walmart 的三倍，但經營能力相較而言比較弱，而且做生意的完整週期需要 463 天，產品的銷售速度比較慢。

　　以投資的觀點來看，不論用何種角度分析，明智的選項都應該是 Walmart。這也是每當景氣不佳時，專業投資機構都會選擇加碼投資這類公司的理由：收現金的行業，做生意完整週期短，且不論景氣好壞都需要的民生需求產業。

　　另外，Tiffany 的 440 天「存貨在庫週期」代表什麼意思呢？也就是 Tiffany 的精品包，平均會放在架上高達 440 天，第 441 天才能賣出去。如果您覺得目前工作壓力很大，建議您可以去 Tiffany 應徵工作，因為當您成為 Tiffany 的櫃姐，如果一年內完全沒有成交過一筆訂單，也不用擔心，因

為公司平均440天才賣出一個包，代表您至少可以在那裡工作到441天。當您被開除之後，也請不要轉行業，直接再去Chanel或Bvgari繼續上班，因為萬一您都不懂如何銷售，這三家公司至少可以讓您待上五年。而這五年期間，您最重要的任務就是：找一個有錢人，把自己嫁出去！

當您學會財務報表這些數字背後代表的意義，其實對您找工作也有很大的幫助。如果您去過Costco，會發現這家美式賣場的工作人員一直非常忙錄，而且走路速度很快，因為他們做生意的完整週期很短，大約只有34天，屬於速度很快的流通業，所以實務工作上就會很忙！

學會這個章節，可以查詢一下您現在服務公司的做生意完整週期。如果天數很短，代表平常工作壓力大是正常的；如果天數很長，就代表這是一個屬於優雅、慢動作的行業，例如精品業、軍工業與高價醫療器材行業。您看，擁有正確的數字觀念，在找工作的時候，就能發揮臨門一腳的功效！

除了找工作，這些數字觀念在消費購物時也能幫上忙。例如Tiffany存貨在庫天數高達440天，如果您看上一個包，手上的現金又不夠，這個時候不需要跟櫃姐說您要存幾個月的錢再回來買，因為那個精品包通常會留在原地，平均等您440天才會被賣出去。

進階活用：產品或服務應該要賣高價或低價？

除了考量市場供需，需求強度，產品定位，市場區隔，競爭狀況等因素之外，產品或服務的定價，也需要考量做生意的完整週期。

假如您是軍火供應商，做生意的完整周期平均大於1,500天，也就是平均需要超過四年之後才能再循環做第二輪的生意，這時就不能採用低價策略，一定要想盡辦法定位成高價商品。

假設您是Walmart的店長，店內做生意完整週期平均需要44天；換句話說，經過44天，就能做下一輪的生意。這個時候就能採用低價，因為低價要能夠存活，必須要「轉」得快，指的就是周轉率。

實務上，我會建議做生意完整週期要小於60天，才有啟動低價競爭的本錢；如果大於200天，就不要輕易打價格戰。

職場上許多朋友問我：「如果定價低一點，業績會不會好一點？」其實這個題目的方向搞錯了，我們應該問自己的是：「如果價格高一點，營收會減少多少？」

因為，毛利遠比營業額更重要！毛利率越高，代表我們能抵抗景氣波動或外部競爭者的緩衝空間越大。

營業額500萬、毛利200萬的公司，遠勝過營業額1,000萬、毛利200萬的公司。因為營業額只有500萬的公司，雖然進貨成本沒有規模經濟的效益，成本會稍微高一點，但在毛利率高達40%的情況下，扣除管銷費用後，最後在損益表上的淨利不會太差。

如果我是您，我會找許多方法來增加毛利率，而不是降低毛利率。因為毛利率遠比營業額更重要！

除非在低價的情況下，您能轉很快；換句話說，就是您們公司的做生意完整週期比較短。通常做生意完整週期小於60天的企業或行業（例如沃爾瑪、好市多、7-11、全家、家樂福等），或是總資產的翻桌率（經營能力）特別好的公司，才有本事採用低價行銷存活在市場上。

PART
4

現金流量表

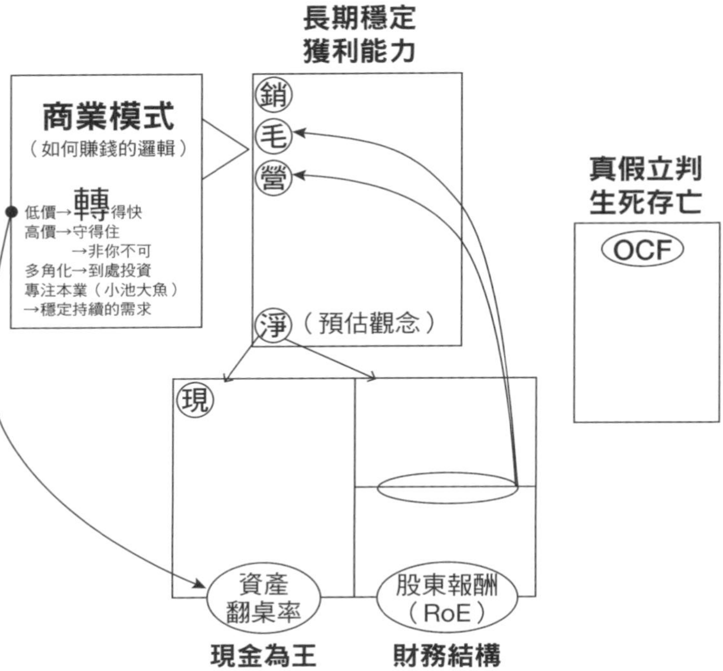

長期穩定
獲利能力

商業模式
（如何賺錢的邏輯）

轉
低價→轉得快
高價→守得住
　　→非你不可
多角化→到處投資
專注本業（小池大魚）
→穩定持續的需求

銷
毛
營

真假立判
生死存亡

OCF

淨（預估觀念）

現

資產
翻桌率

股東報酬
（RoE）

現金為王　　財務結構

4-1 消失的第三張最關鍵報表

在1987年以前，會計師不管現金流量的事，因為他們認為那是出納人員的本分，並非會計師的專業領域之一。但是1980年期間，發生了很多企業弊案，所以在1987年後，美國財務會計準則委員會（FASB）才要求所有上市公司的財務公開資訊，需要加入第三張報表：現金流量表（cash flow statement）。

我們順便來複習一下前面章節所學到的重要觀念，讓大家再次瞭解，財務報表不能只看一張或只看特定科目，否則很容易被造假的手法欺騙，需要將三張報表擺在一起看才能看出報表的真實性與完整的關聯性。

損益表造假

第一張報表是損益表，它是推估的概念，不是100%確認的數字，損益表只能告訴我們一家公司在一定期間內，到底是賺錢還是虧錢。

所以，損益表是流量的觀念、預估的概念，所以特別容易作假。例如，我們只要在境外免稅天堂開一家紙上公司，然後塞貨給這家假公司，那麼我們公司的損益表，就會出現銷貨收入增加、淨利也大幅增加的假象，如圖4-1-1裡面的①。

因為這是一筆假交易（塞貨，美化公司損益表上的淨利表現），所以公司不會真正收到現金。感謝會計制度有借貸平衡的基本要求，所以這家公司只能在應收帳款這個科目上動手腳。這筆生意本質上是假交易，於是該公司的應收帳款會不斷地增加，應收帳款佔總資產的比例也會越來越高，如圖4-1-1的②。如果您沒有學過財務報表，就會以為這家公司的獲利狀況很好，值得投資。

還好您正在研讀本書，所以可以將上一個章節經營能力（翻桌率的觀念）拿來分析運用。這時您就會發現，假交易型公司的應收帳款收現天數，會從原先的90天慢慢惡化到

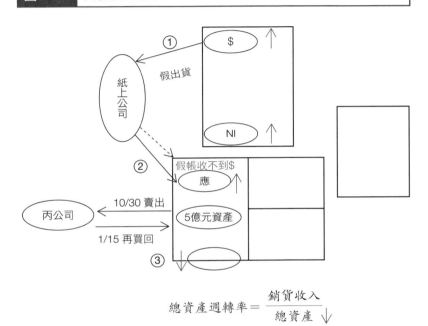

圖 4-1-1　做假帳的流程

$$總資產週轉率 = \frac{銷貨收入}{總資產 \downarrow}$$

100天、120天、180天……360天。如果一家公司的應收帳款回收天數呈現這種**趨勢**，通常就代表他們在銷貨收入上，使用了塞貨的假帳手法。

　　這也是華倫‧巴菲特要求看財務報表時，基本上要看五年甚至更長時間。因為假的東西難以長久，即使作假帳的人再厲害，只要做假，一定都會留下蛛絲馬跡，所以一旦時

間拉長,總有東窗事發的一天。

第二個作假帳的方法,就是調整會計制度,例如改變折舊費用或分期攤銷費用的處理方式,如2-4節所提到的垃圾處理公司。以上兩種方法,是損益表上最常見的兩個作假帳手法。

資產負債表造假

接下來,讓我們看看如何在資產負債表上動手腳。

假設您是一家上市公司的專業經理人(總經理),除了基本的年薪之外,董事會同意您依照公司經營的績效與公司股價的表現,額外提撥特別分紅給您。您接手經營這家公司,經過一年的努力不懈,結果總資產周轉率偏低,只有0.98趟/年,再加上公司並不是資本密集型(燒錢型),所以董事會對您有些不諒解。

為了美化公司的經營能力(總資產周轉率),您商請自己關係密切的另外一家公司總經理幫忙,將您公司目前沒有使用的閒置資產(價值5億元),於10月30日賣給您的好友(丙公司)。

這時候,由於總資產周轉率=銷貨收入÷總資產,假

設分子（銷貨收入）沒有改變，但分母（總資產）少了5億元的資產，如圖4-1-1的③，所以總資產周轉率瞬間提升為1.05趟／年。這樁假交易，讓您的經營能力瞬間提升，於是在年底績效考核時，順理成章拿到幾千萬元的紅利。

隔年1月15日，您再請朋友將原先買的5億元資產，賣回給您自己的公司，其實投資人是不容易發現的。因為資產負債表是當天餘額（存量）的觀念，年報的資料，只會顯示12月31號那一天（當天餘額）的狀況，所以您在1月15日當天做的買回動作，只會顯示在下一個年度的資產負債表中。

這個虛構的故事，代表資產負債表也是非常容易上下其手的報表。當然實務上不會出現這麼笨的作假帳方式，只是想讓大家了解本書不斷強調的最核心觀念：**財務報表不能只看一張或只看特定科目，需要將三張報表擺在一起看才能看出報表的真實性與完整的關聯性。**所以我們才會說，消失的第三張報表現金流量表，才是最關鍵的報表。

現金是公司生存的必要條件

如果閱讀財務報表的過程中只關注損益表或資產負債

表，而沒有查閱現金流量表，就好像入寶山空手而回的感覺一樣。

現金流量表為什麼這麼重要？因為損益表上最下面一個數字（淨利）是正數，當然值得高興，但淨利是正的，只代表您公司有獲利，獲利不能保證公司一定能持續生存下去！別忘記，損益表是推估的概念，每年倒閉的數千家公司之中，有些在倒閉的當天帳面上還有獲利（俗稱「**黑字倒閉**」），這到底是怎麼回事？它們是因為手上沒有足夠的現金，**不斷成長到破產**！公司沒有獲利還可以照常營運很久，可是只要幾天沒有現金，您的公司就無法生存下去！

想想看，如果您是公司的老闆，現在公司缺錢，有什麼地方可以變出現金呢？一般人根據常識，會馬上想到以下三種方法：

1. 低價促銷換現金、減薪、放無薪假、裁員⋯⋯等各種成本與費用控管措施。

2. 要求業務追應收帳款、將存貨轉賣、將公司閒置的機械設備賣出去。

3. 要求採購將應付帳款往後延、找銀行融資借錢、請股東幫忙增資。

　　我們來試著將這些常識，進行「中翻中」。第一類的幾個方法，就是透過營運過程中，想盡辦法擠出現金，或是減少現金的支出。這些動作相對應的會計科目，都來自於損益表，所以中翻中就是「營業活動的現金流量」：主要就是以損益表的淨利為基礎，再將不是真正現金支出的折舊費用與分期攤銷費用加回來，經過簡單的計算，就是所謂的**營業活動現金流量**。

　　還記得公司有錢之後就會兵分兩路嗎？往左邊走叫資產配置、投資策略或是資本支出；往右邊走，稱為處理債務、融資策略或是財務槓桿。第二類的幾個變出現金做法，相對應的會計科目都是源自於資產負債表的左邊，所以中翻中就是**「投資活動的現金流量」**。第三類幾個變出現金的做法，主要集中在銀行與股東，剛好就是資產負債表的右邊科目，所以中翻中就是**「融資（理財）活動的現金流量」**。

　　藉由剛才生活常識的推導，您會發現，現金流量表最主要有三個部分，包括：

1. 營運活動的現金流量（主要來自於損益表）。
2. 投資活動的現金流量（主要來自於資產負債表左邊的科目）。

3. 融資（理財）活動的現金流量（主要來自於資產負債
　　表右邊的科目）。

　　換句話說，只要有上一期與這一期的損益表，加上期初
與期末兩張資產負債表，就能推導出現金流量表（如圖4-1-
2）。這也是為什麼我們將三張報表畫成圖示的立體模型，讓
您可以清楚知道三張報表的因果與互動關係。希望您讀到這
個章節以後，就有完整的財務報表立體觀念。

圖4-1-2　現金流量表與損益表、資產負債表的互動關係

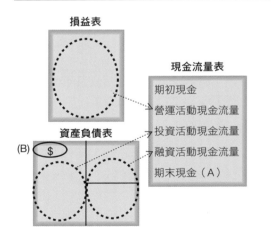

現金流量表上的數字涵義

現金流量表是一張現金進進出出的報表，只要有任何現金流入公司，在現金流量表上就代表是**正值**；如果現金從公司流出到其他地方，在現金流量表上就會以**負值**表示。

例如，您看到一家公司的現金流量表，顯示該公司的營運活動現金流量為「＋18億」，就代表這家公司今年一整年以來，透過損益表上紮紮實實為公司賺進18億現金。如果該公司的營運活動現金流量為「－9億」，就表示這家公司去年一整年在銷售過程中，實際上虧了9億元白花花的現金。**任何現金流入公司叫「＋」，代表正值；任何現金流出公司叫「－」，代表負值。**

如果該公司的投資活動現金流量呈現的數字為＋15億，代表這家公司在去年一整年經營過程中，有賣出資產的

動作，所以才會增加現金15億流入公司。**一般情況下，投資活動的現金流量多為負值**，因為公司為了永續經營，必須不斷持續的投資更多的機械設備廠房等資產，為公司創造更多的收入。當您看到一家公司的投資活動現金流量為－18億，通常代表這家公司看好自己的行業與景氣發展，所以加碼18億現金買更多的機械設備廠房，以利未來大幅成長所需。

如果該公司的融資（理財）活動現金流量為＋100億，可能代表這家公司從銀行體系借款100億、發行公司債100億，或是向股東增資100億；也可能是綜合上述的三個做法，總共融資100億。如果您想了解這家公司的實際做法，可以去看融資活動現金流量的細部科目。

同理，如果這家公司的融資活動現金流量為－40億，通常就代表這家公司對銀行還款40億（現金流出）或是給股東分紅40億，或是同時做了上述兩個動作。因為您不是專業財務背景出身，現金流量表先掌握到這種大方向即可；如果對該公司的實際作法有興趣，再看融資（理財）活動現金流量的細節科目分類。

實際現金流量分析

有了這三類現金流量表的分類，以及現金流入公司叫「＋」，現金流出公司叫「－」的觀念，我們來看看以下三家公司的實際現金流量表（如圖4-2-1）。

圖4-2-1	台積電、鴻海、大立光之現金流量表

單位：百萬元

	2013	2014
台積電		
營業活動現金流量（來自「損益表」）	347,384	421,524
投資活動現金流量（來自「資產負債表左邊」）	(281,054)	(282,421)
融資活動現金流量（來自「資產負債表右邊」）	32,106	(32,328)
鴻海		
營業活動現金流量（來自「損益表」）	172,752	190,676
投資活動現金流量（來自「資產負債表左邊」）	(33,906)	(62,250)
融資活動現金流量（來自「資產負債表右邊」）	31,696	(158,218)
大立光		
營業活動現金流量（來自「損益表」）	11,300	19,688
投資活動現金流量（來自「資產負債表左邊」）	(5,160)	(5,472)
融資活動現金流量（來自「資產負債表右邊」）	(2,302)	(3,719)

※ 資料來源：台灣股市觀測站

◎營業活動現金流量

　　台積電在2013與2014這兩年，分別從損益表上紮紮實實為公司賺進3,474億和4,215億新台幣；鴻海的營運活動現金流量，則分別為1,728億與1,907億。兩家公司的賺錢能力表現都非常優秀。大立光的營業活動現金流量，分別為113億與197億，雖然也是非常賺錢，但與前兩家公司的絕對值相比，就是小巫見大巫了。

◎投資活動現金流量

　　台積電這兩年的資本支出（購買機械設備廠房的支出），分別為2,811億與2,824億。您會發現，台積電一家公司投資台灣的錢，比政府投資台灣的支出還要多，這也就是為什麼張忠謀先生會受到業界高度的推崇。高達數千億元的資本支出，同時也反映出台積電對未來景氣看好的程度有增無減。

　　鴻海集團的資本支出分別為339億與623億，也是不斷增加，代表鴻海集團也是看好未來經濟發展的前景。從就業市場與投資台灣的角度來看，這兩家公司對台灣的貢獻其實不亞於政府。

　　大立光公司的投資活動現金流量分別為52億與55億，也是對未來景氣抱持偏多的看法。但就投資力度與總金額來看，大立光與台積電／鴻海屬於兩個不同等級的企業。

◎融資（理財）活動現金流量

　　台積電這兩年的數據分別為＋321億（代表有對外融資現金流入公司）與－323億（通常代表還款或是股東分紅），至於實際具體的做法，則需要再看理財活動現金流量的細部科目即可知道。而鴻海集團的理財活動現金流量分別為＋317億與－1,582億，即使不去看細部的科目，也能大概猜出－1,582億應該不是用於股東分紅，而是償還對外負債為主，因為如果有這麼大金額的股東分紅，新聞媒體一定會大肆報導到人盡皆知的程度。大立光公司的理財活動現金流量分別為－23億與－37億，以這個現金流出的金額來看，應該有很大部分都是股東分紅。

　　這本書的目的不是要教會您成為財會人員，而是讓您運用現有的常識，即可判斷出很多財務報表數字的真實意涵。透過這個簡單的分析，希望大家能用常識輕鬆讀懂現金流量表，先掌握大方向，不要為了細節而見樹不見林。

　　新聞媒體常常報導「某家公司營收創新高，獲利也創新

高」的新聞，以後當您看到這種消息時，第一時間應該要想到一個重要的觀點：**淨利是推估值，不是100%確定的**。然後接著去看這家公司的現金流量表，看看它的營業活動現金流量（OCF, Operating Cashflow）是否為正值。

現金流量表是一張**真假立判、生死存亡**的報表，這也說明了為什麼華倫‧巴菲特這麼重視自由現金流量（FCF，Free Cashflow）：

自由現金流量＝營運活動現金流量－該公司為了持續生存下來所需要的基本資本支出

自由現金流量代表的是公司真正能自由運用的資金。從這個公式的定義來看，其實巴菲特認為最重要的財務指標之一，就是**營運活動現金流量**。您沒有獲利，還是可以照常營運很久，但只要一天沒有現金，就無法生存下去！

現金流量表案例解析

還記得第1-1章的張曉月與蘇麗雯嗎？如今我們有完整的財務報表立體觀念，可以重新探討究竟該怎麼投資了。

張曉月決定自行創業，因為過去工作經驗的累積，她決定從事進口食材的生意；職場上有認識的供應商，對方同意給她月結30天的付款條件。張曉月創業當天，銀行存款只有1萬元（為了讓案例簡單，所以存款故意設得低），進口食材的生意毛利率高達40%。創業初期維艱，所以借用親人房屋作為辦公室，房租水電一個月只要1萬元；假設是1人公司，沒有員工，自己也不領薪水。上游供應商提供她月結30天的付款條件，為了開發客源吸引新客戶，她提供月結60天的交易條件。前三個月，張曉月創業的損益表如圖4-3-1；她非常厲害，一創業就開始賺錢了。

蘇麗雯也決定自行創業，因為身邊朋友都在餐飲業，相處久了也對餐飲業有些了解，所以決定做早餐店生意。創

業初期，蘇麗雯手上也只有現金1萬元；早餐店毛利沒有她想像的高，毛利率只有30%。因為主要客戶是上班族，所以她被迫在公車站附近找店面，一個月房租水電費用高達3萬元，假設一樣是1人公司，沒有員工自己也不領薪水。早餐材料的供應商都是朋友介紹的，同意給她月結60天的付款條件，創業初期前三個月的損益表如圖4-3-1：她一直處於虧損狀態，好消息是虧損的金額越來越小。

您還記得當時選擇投資哪一位嗎？如今再想想，誰比較有機會創業成功？

圖4-3-1 **兩位創業者的損益表**

張曉月

損益表

	一月	二月	三月
銷貨收入	20,000	30,000	45,000
銷貨成本	12,000	18,000	27,000
銷售毛利	8,000	12,000	18,000
營業費用	10,000	10,000	10,000
淨利	(2,000)	2,000	8,000

蘇麗雯

損益表

	一月	二月	三月
銷貨收入	50,000	75,000	95,000
銷貨成本	35,000	52,500	66,500
銷售毛利	15,000	22,500	28,500
營業費用	30,000	30,000	30,000
淨利	(15,000)	(7,500)	(1,500)

會誤導人的損益表

乍看之下，張曉月的損益表相當亮眼，不但業績每月成長 50%，毛利率又比蘇麗雯高出 10%，而且張曉月的營業費用只有蘇麗雯的三分之一。一般人都會認為，張曉月的公司充滿獲利與投資潛力；不管是從什麼面向來分析，張曉月的公司都比蘇麗雯的公司表現亮眼。

但是真實的情況是，張曉月的公司破產了！為什麼？請回想本書不斷強調的三個觀念：

1. 財務報表不能單張看，只看一張損益表一定會看走眼！
2. 損益表這張報表是推估的概念，它本身不是 100% 確認的數字。
3. 營業額不等同現金，淨利也不等同於現金！

為了進一步分析這兩家公司的差異，我們需要看現金流量表！複習一下，現金流量表主要有三個大分類：

1. 營業活動現金流量：主要是由損益表上的數字整理而來的。

2. 投資活動現金流量：主要是由資產負債表「左邊」資產科目的加減（期末－期初）而來的。

3. 融資（理財）活動現金流量：主要是由資產負債表「右邊」的科目加減（期末－期初）而來的。

在這個簡單的案例中，這兩家公司都沒有投資活動，也沒有融資活動，所以只需要關注它們的營運活動現金流量即可。營運活動的現金流量，主要包含三個小項目：

1. **收入**：產品售出後的貨款（應收帳款），什麼時候會變成現金流入公司？

2. **成本**：買材料的成本（應付帳款），什麼時候要從公司流出到供應商的銀行帳戶？

3. **費用**：公司每個月的房租水電人事等費用（營業費用），什麼時候會從公司的銀行帳戶流出現金？

所以我們只需要關注這兩家公司的三個類別（收入、成本、費用），就可以推估這家公司的現金流量表，如圖4-3-2所示。

我們先來看看期初現金。兩個人創業的時候，銀行存款只有1萬元，所以兩家公司的現金流量表期初現金都是10,000元。

| 圖4-3-2 | 由損益表推出現金流量表 |

張曉月

損益表

	一月	二月	三月
銷貨收入	20,000	30,000	45,000
銷貨成本	12,000	18,000	27,000
銷售毛利	8,000	12,000	18,000
營業費用	10,000	10,000	10,000
淨利	(2,000)	2,000	8,000

現金流量表

	一月	二月	三月
期初現金	10,000	0	(22,000)
營運CF－收入	0	0	20,000
營運CF－成本 （買料）	0	(12,000)	(18,000)
營運CF－費用 （管銷）	(10,000)	(10,000)	(10,000)
期末現金	0	(22,000)	(30,000)

蘇麗雯

損益表

	一月	二月	三月
銷貨收入	50,000	75,000	95,000
銷貨成本	35,000	52,500	66,500
銷售毛利	15,000	22,500	28,500
營業費用	30,000	30,000	30,000
淨利	(15,000)	(7,500)	(1,500)

現金流量表

	一月	二月	三月
期初現金	10,000	30,000	75,000
營運CF－收入	50,000	75,000	95,000
營運CF－成本 （買料）	0	0	(35,000)
營運CF－費用 （管銷）	(30,000)	(30,000)	(30,000)
期末現金	30,000	75,000	105,000

　　接下來，我們看看「營運活動現金流量─收入」的部分。張曉月創業的時候，為了吸引新客戶，給客戶月結60天的交易條件，所以損益表上的一月份銷貨收入20,000元，要等到三月份的時候，才會變成現金流入公司；二月份的銷貨收入30,000元，要到四月份才變成現金流入公司……餘此類推。

處理完收入類別的營運活動現金之後，接著我們來看「營運活動現金流量—成本（買料）」。張曉月在一月份的進貨成本12,000元，因為供應商是職場認識的朋友，同意月結30天再付款，所以一月份的銷貨成本12,000元，會在二月份的時候變成現金流出；二月份的銷貨成本18,000元，會在三月份的時候以現金的形式流出，餘此類推。

最後來處理「營運活動現金流量—費用（管銷）」。一月份的營業費用10,000元，因為是房租水電，所以需當月就支出，所以會顯示在現金流量表的一月份流出現金10,000元；二月份的管銷費用10,000元，也會落在二月份的報表，餘此類推。

根據上述推導，我們可以依序算出每個月的現金流量：

某月份的現金流量＝期初現金＋營運活動現金流量（收入）－營運活動現金流量（成本）－營運活動現金流量（費用）＝期末現金

所以張曉月在一月份的期末現金，剛好等於零。本期的期末現金，等於下一期的期初現金，所以二月份的時候，張曉月的現金流量表期末現金是－22,000，三月份的期末現金為－30,000。金額太小您可能沒有感覺，如果把金額換成以

「萬元」為單位，相當於張曉月在二、三月份的資金缺口，分別高達2.2億元、3億元。

由此可知，如果沒有做任何動作，基本上張曉月這家公司已經周轉不靈，即將面臨破產的危機。

相較之下，蘇麗雯的現金流量安全許多。她的期初現金一樣都是10,000元，而一月份銷貨收入50,000元，會直接落在一月份，因為買早餐時都是現金交易，沒有老闆會讓客人月結60天。同理，二月份、三月份的銷貨收入，都會落入當月份的「營運活動現金流量（收入）」。

處理完收入類，來看看成本支出。因為早餐供應商提供給她月結60天的付款條件，所以一月份的銷貨成本35,000元，會落在三月份；二月份的銷貨成本，會落在四月份。營業費用的狀況與張曉月相同，當月的支出會直接反應在同一月份的「營運活動現金流量—費用（管銷）」。

用同樣的方式計算蘇麗雯的期末現金。一月份，她手上現金有30,000元；二月份，手上現金有75,000；三月份手上現金有105,000元！把單位都換成「萬元」，重新解讀蘇麗雯的現金流量表，相當於這家公司一月底的時候手上現金有3億元，二月底有7.5億元，三月底時有10.5億元的現金。

用「快收慢付」解決現金周轉危機

請您想想看，要用什麼方法，才能挽救張曉月的公司呢？

答案很簡單，四個字就解決了：**快收慢付**！「應收帳款」要快快收回，原本給客戶的60天付款條件，改成30天、甚至是現金交易。「應付帳款」則慢慢結清，給供應商的貨款原來是30天付款，要想辦法爭取成月結90天。

其實靠著「快收慢付」這個四字箴言，就能救活張曉月的公司。但如果您沒有基本的財務數字能力，就容易聽信身邊不是老闆思維的朋友給您的建議，例如進口食材沒有市場、客源少，必須轉型為賣火鍋、糕點或其他商品。

事實上，張曉月根本不需要轉行，因為她的毛利率高達40%，這真是一門好生意！再者，她的公司每月業績都呈現50%大幅成長的態勢，代表市場需求旺盛、商機無窮，完全沒道理轉行。如果您當了老闆，卻聽從員工思維的人的意見，常常會誤入歧途，因為老闆和員工的思維是完全不一樣的。身為創業家的您，如果對基礎的財務報表沒有一定的了解，就像不懂九九乘法表，卻跑去參加數學算式的比賽一樣，處處充滿了高難度挑戰！

財報現金流量觀念總整理

　　讀完4-3章這兩個被極度簡化的案例之後，希望您對財務報表有立體的觀念：財務報表不能單獨看，要三張擺在一起看！我們來複習以下七個重要觀念：

1. 損益表有賺錢（淨利為正數），不等於是您可以拿來花用的現金，因為損益表是預估的觀念。

2. 淨利是推估值，不能直接拿出來花用。

3. 營運活動的現金流量，等同企業的生命線，這也是華倫‧巴菲特這麼重視自由現金流量（FCF）指標的理由。

4. 為什麼很多人創業時，都想從事餐飲業或是服飾業？因為這些行業具有「快收慢付」的特性！

5. 全球企業天天有人倒，為什麼比較少聽到百貨公司倒閉？同樣是因為「快收慢付」！

6. 管理學經典《執行力》作者瑞姆‧夏藍（Ram Charan）
在 2002 年接受《財星》雜誌專訪時，寫到：「公司營
運衰退的原因有很多種，但是最後拖垮一切都是因為
現金告罄。」直到 2008 年金融海嘯之後，大家才真
正了解「現金為王」的意義：**您沒有獲利可以照常營
運很久，只要一天沒有現金，就無法生存！**

7. 所以專業財務分析人員在評估一家企業的時候，最優
先會看的數字，往往是「營運活動現金流量」——它
代表這家公司將獲利轉換成現金的能力。

　　所以現金流量表最關鍵的重點，就在於營運活動現金流
量。當我們進一步解析這項數據，就能了解這家公司是否表
裡如一，真的像報章雜誌所稱的那樣獲利能力極佳。

營運活動現金流量分析四步驟

Step1：確認「營運活動現金流量是否大於零」

　　除非您是新創公司或是遇到特殊情況，否則一般情況
下，營運活動現金流量（OCF）要大於零（如圖4-4-1）！

圖4-4-1 營運活動現金流量分析─第一步

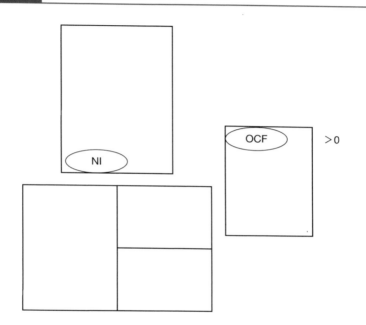

如果該公司宣稱他們有獲利，指的是損益表上的淨利（NI）大於零，則營業活動現金流量也應該大於零。

Step2：確認「獲利含金量」

假設有一家超級迷你小公司，賣的是雞排。由於與客戶交易都是收現金，所以這家雞排公司的損益表上最後的淨利，應該約等於營業活動現金流量（OCF），因為這家迷你

型公司並沒有高額的折舊費用（有形資產的貶值幅度）與分期攤銷費用（無形資產的貶值幅度）。但經過一年努力後，這家公司的老闆決定開放加盟、擴大營運；又過了一年後，共有十萬家的加盟主加入。換句話說，他有「十萬個雞排攤位」這個資產，並因此產生各種折舊費用與分期攤銷費用（如圖4-4-2）。

圖4-4-2 營運活動現金流量分析─第二步

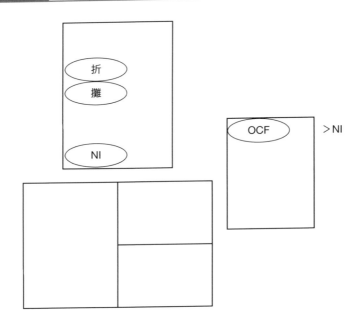

　　剛創業的時候，這家公司的淨利等於營運活動現金流量。但幾年之後，損益表上的淨利會遠遠小於營運活動的現金流量，因為隨著公司規模不斷的擴大，在算到淨利之前，就會扣除掉很多非現金支出的折舊費用與分期攤銷費用。所以在正常情況下，**營運活動現金流量＞淨利**。

　　因為這個特性，所以股市分析師為了了解一家公司的獲利是否能真正變出現金流回公司提供公司日常營運所需，創造了獲利含金量的公式：

$$獲利含金量 = \frac{營運活動現金流量}{淨利} = \frac{大}{小} = \frac{OCF}{NI} > 100\%$$

　　正常情況下，營運活動現金流量＞淨利，所以獲利含金量必定大於100%。如果不符合，就代表可能有意外狀況或不為人知的內情，值得深入驗證該公司是否真如報導所說的那麼賺錢。

Step3：確認「營運活動現金流量＞流動負債」

　　營運活動現金流量代表公司將損益表創造的獲利（淨利），紮紮實實地變成現金流回公司的能力。如果這個數據來自年報，就代表一年期間公司將獲利轉成現金的真正能力。

　　而流動負債，通常是指應付帳款或應付票據等一年內會到期的對外負債。正常情況下，營運活動創造現金的能力，必須要大於短期（一年內）要付出去的流動負債，也就是「**營運活動現金流量＞流動負債**」，才表示這家公司的體質健康（如圖4-4-3）。

圖4-4-3　營運活動現金流量分析—第三步

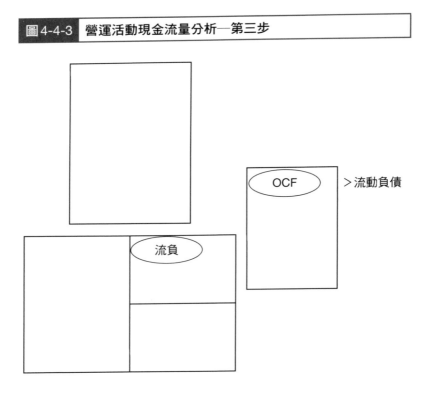

Step4：確認「營運活動現金流量、損益表上的淨利，兩者趨勢變化是否相同」

還記得剛才迷你型雞排公司的例子嗎？一開始，它的淨利與營業活動現金流量幾乎相同，所以這兩個會計科目彼此高度相關，兩者的趨勢變化也應該相同（如圖4-4-4）！如果兩者的趨勢南轅北轍，通常代表這家公司潛藏很大的問題。

圖4-4-4　營運活動現金流量分析─第四步

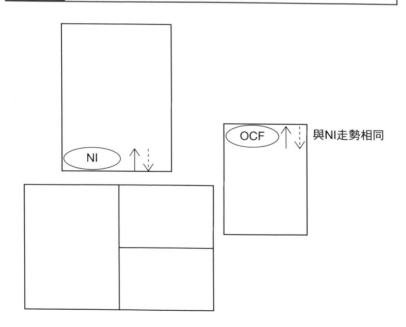

財務報表立體觀念是分析的根本

　　財務報表真的不難懂，剛才我們透過介紹大家在職場上已有的常識，就能推導出這四個現金流量的重點。實務上，一般人未必需要把財務報表瞭解到專家的程度，這本書的目標並不是要讓您成為專家，而是希望能讓您透過現有的生活常識，推導出正確的財務報表立體觀念，使您的財務智商立刻提昇至合格水準，不會輕易被隱瞞、造假的數據矇騙，也能正確理解財務運用的方向。

　　日後您不管是讀哪一類的財務書籍，只要配合圖4-4-5的立體模型，將其他書籍講到的重點，與其對應的會計科目圈在上面的立體模型之中，就可以知道其他作者想要跟您分享的重要觀點。這樣的話，即使您買書自學，也不會在眾多會計科目中迷路了。

圖 4-4-5　**財務報表的立體觀**

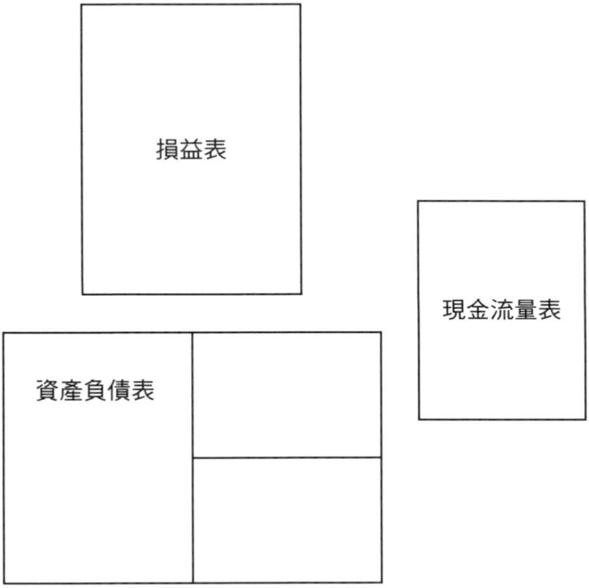

損益表

現金流量表

資產負債表

PART

5

附錄

財務常識總複習

Q：一家公司在一定期間有沒有賺錢，應該看哪一張報表？

A： 損益表。

Q：一家公司真正的賺錢能力應該看哪裡？

A： 現金流量表的營運活動現金流量，以及損益表上的營業
利益。

Q：這家公司一直有賺錢，一定不會倒閉嗎？

A： 不一定！還要看現金流量表的營運活動現金流量！

**Q：財務報表有這麼多張，包含這麼多科目，要先看哪一
個？**

A： 可以先看現金與約當現金、營運活動現金流量，損益表
上的淨利與營業利益，資產負債表上的股東報酬率與總
資產周轉率。

Q： 哪一張報表是依據實際情況而得的數字，最不受人為操縱影響？

A： 現金流量表。這張報表主要分成三大類：營運活動現金流量、投資活動現金流量、融資（理財）活動現金流量。其中以營運活動現金流量（OCF）最為重要！

Q： 華倫‧巴菲特最重視那個數字？

A： 自由現金流量（free Cashflow）。其計算公式為：

自由現金流量＝營運活動現金流量－基本資本支出

Q： 公司賺的錢叫淨利，是最直接的績效評估，為何它容易受到會計學的扭曲？

A： 因為大部分的公司交易都不是現金交易，所以損益表並非以現金基礎所產生的報表，採取推估的概念，不是100%正確。此外，有心者還可以在銷貨收入與各種折舊費用上下其手，進行報表美化，所以容易受到人為扭曲。

Q： 公司營運如果走下坡，如何確保它是否有本錢撐一陣子？

A： 可確認以下四個要素（綜合整理於圖5-1-1）

1. 現金與約當現金是否佔總資產的比率為25%，最少也不建議低於10%。

圖 5-1-1　提昇周轉能力的關鍵

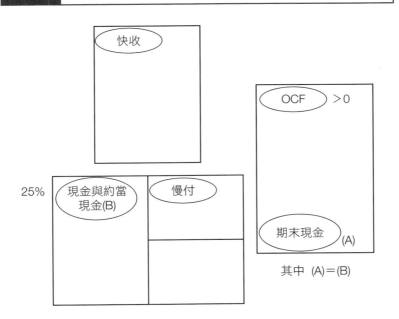

2. 是否採取快收慢付的經營模式。

3. 做生意的完整週期是否夠短，越短越好。

   存貨在庫天數＋應收帳款收現天數＝應付款帳周轉天數＋缺錢的天數

4. 每一期的營運活動現金流量，是否能夠穩定地大於零。

新商業周刊叢書BW0596

用生活常識就能看懂財務報表

作　　　者／林明樟（MJ老師）
文 字 整 理／林欣儀
責 任 編 輯／李皓歆
企 劃 選 書／張曉蕊
版　　　權／黃淑敏
行 銷 業 務／張倚禎、石一志

總　編　輯／陳美靜
總　經　理／彭之琬
事業群總經理／黃淑貞
發　行　人／何飛鵬
法 律 顧 問／元禾法律事務所　王子文律師
出　　　版／商周出版
　　　　　　台北市南港區昆陽街16號4樓
　　　　　　電話：(02) 2500-7008　傳真：(02) 2500-7579
　　　　　　E-mail: bwp.service @ cite.com.tw
發　　　行／英屬蓋曼群島商家庭傳媒股份有限公司　城邦分公司
　　　　　　台北市南港區昆陽街16號8樓
　　　　　　讀者服務專線：0800-020-299　24小時傳真服務：(02) 2517-0999
　　　　　　讀者服務信箱E-mail: cs@cite.com.tw
　　　　　　劃撥帳號：19833503　戶名：英屬蓋曼群島商家庭傳媒股份有限公司城邦分公司
訂 購 服 務／書蟲股份有限公司客服專線：(02) 2500-7718；2500-7719
　　　　　　服務時間：週一至週五上午09:30-12:00；下午13:30-17:00
　　　　　　24小時傳真專線：(02) 2500-1990；2500-1991
　　　　　　劃撥帳號：19863813　戶名：書蟲股份有限公司
　　　　　　E-mail: service@readingclub.com.tw
香港發行所／城邦（香港）出版集團有限公司
　　　　　　香港九龍土瓜灣土瓜灣道86號順聯工業大廈6樓A室
　　　　　　E-mail: hkcite@biznetvigator.com
　　　　　　電話：(852) 25086231　傳真：(852) 25789337
馬新發行所／城邦（馬新）出版集團
　　　　　　Cite (M) Sdn. Bhd.
　　　　　　41, Jalan Radin Anum, Bandar Baru Sri Petaling, 57000 Kuala Lumpur, Malaysia.
　　　　　　電話：(603) 9056-3833　傳真：(603) 9057-6622　E-mail: services@cite.my

封面設計／黃聖文
印　　刷／韋懋實業有限公司
經 銷 商／聯合發行股份有限公司　新北市231新店區寶橋路235巷6弄6號2樓
　　　　　電話：(02) 2917-8022　傳真：(02) 2911-0053

■ 2016年1月28日初版1刷
■ 2024年7月25日初版42.1刷

Printed in Taiwan

定價320元　　　版權所有‧翻印必究
ISBN 978-986-272-969-4

國家圖書館出版品預行編目（CIP）資料

用生活常識就能看懂財務報表／林明樟著. -- 初版.
-- 臺北市：商周出版：家庭傳媒城邦分公司發行,
2016.01
　面；　公分. -- （新商業周刊叢書；BW0596）
ISBN 978-986-272-969-4（平裝）

1. 財務報表　2. 股票投資

495.47　　　　　　　　　　　　　　　　105000596

城邦讀書花園
www.cite.com.tw

廣　告　回　函
北區郵政管理登記證
台北廣字第000791號
郵資已付，免貼郵票

115 台北市南港區昆陽街 16 號 8 樓

英屬蓋曼群島商家庭傳媒股份有限公司
城邦分公司　收

書號：BW0596　　書名：用生活常識就能看懂財務報表　　編碼：

 商周出版

讀者回函卡

感謝您購買我們出版的書籍！請費心填寫此回函卡，我們將不定期寄上城邦集團最新的出版訊息。

不定期好禮相贈！
立即加入：商周出版
Facebook 粉絲團

姓名：＿＿＿＿＿＿＿＿＿＿＿＿＿＿＿＿＿＿＿ 性別：□男 □女

生日：西元＿＿＿＿＿＿＿年＿＿＿＿＿＿月＿＿＿＿＿＿日

地址：＿＿＿＿＿＿＿＿＿＿＿＿＿＿＿＿＿＿＿＿＿＿＿＿＿＿

聯絡電話：＿＿＿＿＿＿＿＿＿＿＿ 傳真：＿＿＿＿＿＿＿＿＿＿

E-mail：

學歷：□ 1. 小學 □ 2. 國中 □ 3. 高中 □ 4. 大學 □ 5. 研究所以上

職業：□ 1. 學生 □ 2. 軍公教 □ 3. 服務 □ 4. 金融 □ 5. 製造 □ 6. 資訊

　　　□ 7. 傳播 □ 8. 自由業 □ 9. 農漁牧 □ 10. 家管 □ 11. 退休

　　　□ 12. 其他＿＿＿＿＿＿＿＿＿＿＿＿＿＿＿＿＿＿＿＿＿＿

您從何種方式得知本書消息？

　　　□ 1. 書店 □ 2. 網路 □ 3. 報紙 □ 4. 雜誌 □ 5. 廣播 □ 6. 電視

　　　□ 7. 親友推薦 □ 8. 其他＿＿＿＿＿＿＿＿＿＿＿＿＿＿＿＿

您通常以何種方式購書？

　　　□ 1. 書店 □ 2. 網路 □ 3. 傳真訂購 □ 4. 郵局劃撥 □ 5. 其他＿＿＿＿

您喜歡閱讀那些類別的書籍？

　　　□ 1. 財經商業 □ 2. 自然科學 □ 3. 歷史 □ 4. 法律 □ 5. 文學

　　　□ 6. 休閒旅遊 □ 7. 小說 □ 8. 人物傳記 □ 9. 生活、勵志 □ 10. 其他

對我們的建議：＿＿＿＿＿＿＿＿＿＿＿＿＿＿＿＿＿＿＿＿＿＿＿＿

＿＿＿＿＿＿＿＿＿＿＿＿＿＿＿＿＿＿＿＿＿＿＿＿＿＿＿＿＿＿＿＿

＿＿＿＿＿＿＿＿＿＿＿＿＿＿＿＿＿＿＿＿＿＿＿＿＿＿＿＿＿＿＿＿